上海市重点图书

0-3岁儿童发展指导丛书

0-3岁儿童
社会性发展与教育

钱　文◎编著

华东师范大学出版社
·上海·

图书在版编目（CIP）数据

0～3岁儿童社会性发展与教育/钱文编著. —上海：
华东师范大学出版社，2014.1
（0～3岁儿童发展指导丛书）
ISBN 978-7-5675-1603-8

Ⅰ.①0⋯ Ⅱ.①钱⋯ Ⅲ.①婴幼儿心理学
Ⅳ.①B844.11

中国版本图书馆 CIP 数据核字（2014）第 006764 号

0—3岁儿童社会性发展与教育

编　　著　钱　文
策划编辑　朱建宝
项目编辑　王瑞安
审读编辑　田雨佳
责任校对　胡　静
封面设计　卢晓红

出版发行　华东师范大学出版社
社　　址　上海市中山北路 3663 号　邮编 200062
网　　址　www.ecnupress.com.cn
电　　话　021-60821666　行政传真 021-62572105
客服电话　021-62865537　门市（邮购）电话 021-62869887
地　　址　上海市中山北路 3663 号华东师范大学校内先锋路口
网　　店　http://hdsdcbs.tmall.com

印 刷 者　常熟市文化印刷有限公司
开　　本　787 毫米×1092 毫米　1/16
印　　张　9.25
字　　数　199 千字
版　　次　2014 年 9 月第一版
印　　次　2024 年 6 月第十次
书　　号　ISBN 978-7-5675-1603-8/G·7111
定　　价　26.00 元

出 版 人　王　焰

（如发现本版图书有印订质量问题，请寄回本社客服中心调换或电话 021-62865537 联系）

前　言

党的二十大报告明确提出,教育是国之大计、党之大计。我国始终坚持教育优先发展,建设教育强国。而学前教育作为整个教育体系的基础,其重要性自不待言。培养一个全面发展、具有社会主义核心价值观的合格人才要从小开始,其中,幼儿社会性发展不可忽略。

人类从出生之日开始,便与周围环境以及环境中的人发生交互作用,因此正如维果茨基所言,人从出生起就是一个社会实体,是社会历史发展的产物,社会性发展对于人类个体而言其重要性不言自明。而从另一个角度来看,一个社会要存在与发展,就必须对其成员提出一些基本的行为规范,提出社会化的目标,如社会成员之间必须相互尊重,攻击性行为必须受到控制等等,正是有了这些基本的行为规范,人类社会才得以有序运行与发展。

幼儿期是社会性发展的关键阶段,在这个时期,儿童开始认识到自我,感受到自己和他人的情绪,开始学习正确的表达自己的情绪与想法,开始尝试与他人合作、共享……所有这些都是儿童社会性发展的表现。在教育部 2013 年颁布的《3—6 岁儿童学习与发展指南》中就明确指出,良好的社会性发展对幼儿身心健康和其他各方面的发展都具有重要影响,并能为将来成人后的身心健康与潜能发挥打下坚实的基础。

本书以党二十大报告提出的"育人的根本在于立德"为编写的基本原则,比较系统地就 0—3 岁儿童社会性发展与教育的相关课题进行了较为全面的论述。在梳理了国内外相关研究的基础上,编写组收集了现时 0—3 岁早期教育中人们常见的问题,然后确定了本书的特色——基于理性研究,解决实际问题,具体而言本书有如下特点:

首先,关于社会性发展的定义。本书并没有采用通常意义上的针对所有年龄阶段的定义,而是仅就 0—3 岁儿童社会性发展的内容,采用了产品导向的定义,即 0—3 岁儿童社会性发展究竟表现在哪些方面,这些方面即为本书社会性发展的定义。这样的做法使得 0—3 岁儿童社会性发展的定义更有针对性,更能为读者所理解。

其次,在各个章节的论述中,注重实践性。在每个章节,除了描述 0—3 岁儿童的发展特征之外,还就该领域的家庭与机构教育提出了教育策略。同时,在每个相关章节后面,设立了专栏,就早期教育中的一些热门话题展开讨论。例如,如何与处于第一反抗期的儿童相处等。

再次,本书梳理了0—3岁儿童社会性发展的国内外研究,但是相同领域中相同课题的不同研究并不都指向唯一的结论,因此本书在呈现这些研究时,采取了开放性的态度。只是呈现这些研究的原本结论,对于应用性的推论则持慎重态度。其中最重要的原因是,0—3岁儿童的研究由于儿童的年龄特征往往容易被误读。

本书各章的编写人员如下:绪论、第一章　钱文;第二章　阮婷;第三章　钱雨;第四章　钱琴珍;第五章　姜旭　阮婷。全书由钱文负责通稿工作。

由于参编人员较多,各章节难免有风格上的差异,疏漏与不当之处,恳请读者不吝指正。

编者　2023年4月

目录

绪 论

作为社会性存在，人类自呱呱坠地起，便穷其一生开始自立之路，在这条路上，人类通过与他人的相互交往而渐成自己的人格特质。应该说，人一生都在和他人交往，通过交往，人们成为朋友，获得友谊；通过交往，人们相互了解，进行合作；通过交往，人们发展情感，成为至亲。然而，在幼儿发展过程中，尤其是0—3岁时期，却有一个奇怪的现象：虽然我们现在都认同这个阶段对于终身发展而言是至关重要的，但0—3岁的儿童在获得充分身体关爱的同时，却常常被剥夺了更多与他人交往的机会。家长在重视儿童智力开发的同时，却忽略了儿童社会性能力的培养。

与此同时，随着社会的不断变迁，人们对于成功标准的认知也发生了悄然变化，当代社会中获得成功的因素显然已经超越了单纯的智力因素，更强调的是对环境的适应、选择和调适能力，与他人的合作交往能力和沟通能力，发挥和实践知识的能力。这一切都要求未来的成功人士不但要具备深刻的认知能力，更要有社会适应能力。

中国教育部2012年9月颁布的《3—6岁儿童学习与发展指南》中明确指出，"幼儿社会领域的学习与发展过程是其社会性不断完善并奠定健全人格基础的过程"。重视儿童社会性发展乃时代之要求，如何培养儿童的社会性能力更是科学育儿之必备内容，也是新时期的幼儿园教师、父母所必须关注的主题。

一、什么是社会性发展

在现实社会中，人们必须学会认知、解读周围人群的表情、语言和行为，才能与其发生有效的交往，并在社会性交往中获得自己想要的信息，达成自己的目标；同时人们还必须学会处理自己的需求兴趣与周围环境要求之间的差异，这样才能使得自己的才能获得发挥。所有这一切，都是社会性能力的表现。

究竟什么是社会性呢？社会学家认为，所谓社会性是指生物作为集体活动的个体，或作为社会的一员而活动时所表现出的有利于集体和社会发展的特性。人不是唯一具有社会性的动物，

1

但是社会性却是人不能脱离社会而孤立生存的属性。人类的社会性表现为人的社会属性中符合人类整体运行发展要求的基本特性，如利他性、服从性、依赖性，以及更加高级的自觉性等。人类的社会性能力并不是与生俱来的，是在其成长过程中及与环境的相互作用中慢慢习得的。

那么儿童的社会性发展又表现在哪些地方呢？心理学家齐格勒(Ziegler, 1987)强调社会性主要包括人的社会知觉和社会行为方式。通过社会知觉，人们觉察他人的想法，向他人表达行为的动机和目的；通过社会行为的学习，人们掌握约定俗成的举止方式、道德观念，从而能够适应自己所生存的社会。而美国心理学家贝克则给出了一个更为具体的定义，她认为儿童的社会性发展主要是指儿童在情绪交流、自我理解、了解他人、人际技能、亲密关系，以及道德推理和道德行为等方面的变化(L. E. Berk, 2005)。一个社会性发展良好的儿童往往表现出如下的特征：乐意对他人产生反应；愿意采纳建设性意见；独立；友好；愿意和他人一起；做事目标明确；能够自我控制，不冲动；更容易接受他人情感上的帮助，同时给予他人情感上的反馈(Baumrind, 1970)。道奇(Dodge, 1985)认为，除了上述社会性特征以外，儿童社会性能力还应该包括：社会认知、信息加工、交流和问题解决能力，以及自我调控能力。

神经科学家和儿童心理学家对0—3岁儿童的社会性发展做了比较全面的研究，发现这个年龄阶段儿童社会性发展主要通过对他人的兴趣、自我意识、情绪发展、社会性行为和自理能力等几方面来进行表现的，具体包括：

- 自我意识：对自己的知觉能力
- 与他人的交往：对家庭成员、同伴及同伴关系的认知
- 社会性情绪：情绪的发展与表达、自我控制
- 社会性行为：包括亲社会行为如同理心、帮助和共享等
- 自理能力：在生活中自己照料自己及周围环境的行为能力。

综上所述，幼儿社会性发展是指幼儿在自我意识、人际交往、情绪交流与控制等方面的变化，通过社会性发展幼儿开始初步掌握社会规范，形成初步的自理能力并且开始社会角色的学习。

二、0—3岁儿童社会性发展的理论

在众多的有关社会性发展的理论中，弗洛伊德的理论虽然早已不再是主流的心理学理论，但是他关于早期经验重要性的观念却影响了其后的理论，因此当我们回顾0—3岁儿童社会性发展的理论时，弗洛伊德开创的精神分析理论仍是不可忽略的。

（一）精神分析理论

1. 弗洛伊德的理论

弗洛伊德一直坚信，成年人心理健康问题和适应不良的根本原因可以追溯到早年，特别是儿

童与父母之间关系的质量。如果在发展早期,儿童经历了某些创伤性体验,那么在人生以后的阶段中,就更容易受到伤害,发生心理危机。在弗洛伊德的儿童心理发展理论中,0—3岁被划分为如下的两个阶段:

第一,口唇期(0—1岁)。婴儿出生后,最大的生理需要是获取食物,获得生长发育所需营养。因此,弗洛伊德说过,"如果幼儿能够表白的话,毋庸置疑,吮吸母乳的行为,肯定是生活中最重要的事情"。新生儿的吸吮动作是快感的来源,婴儿快感最集中的区域就是口唇部位。这种寻求口唇快感的自然倾向,使婴儿时时地从吸吮动作中获得快乐;婴儿即使不饿,也喜欢含着奶嘴不放,或者吸吮自己的手指。

弗洛伊德将口唇期又细分为前后两期,前期是0—6个月,此时儿童还没有现实的人和物的概念,世界仿佛是"无对象的"。他们并不能区分自己和外部世界,只是渴望得到快乐和满足。加之成长完全依赖父母,并能得到外界的照顾和关爱,存在着自己即世界的假象,故而吸吮除了满足自己对食物的需要外,还表达着"将被吃的事物与自身融于一体,真正使自己获得其滋养"的愿望。后期为6—12个月,儿童开始分化人与物,开始认识自己的母亲。母亲的到来引起快乐,母亲的离去引起焦虑。这个时期儿童长了牙齿,想咬东西,但又感到很麻烦,因而常常会无意识地希望回到早期的口唇阶段,那时的吸吮是多么简便、容易得到满足呀!

第二,肛门期(1—3岁)。除吸吮外,儿童最感兴趣的是排泄。排泄时所产生的轻松的快感,使儿童进一步注意到自己的身体。儿童往往喜欢成人抚摸他们的身体,尤其是臀部,因为生殖器部位的刺激往往形成更强烈的快感。在弗洛伊德看来,处于肛门期的儿童,自我正从本我中渐渐分化出来,儿童开始要求独立。但是这种独立表现出的不是一种理性行为,更多的是一种消极行为的体现。在独立的名义下,无论父母或者主要照料者提出任何要求,几乎都会遭到儿童的抵制。比如要求孩子"请你把玩具放回架子上,好吗",孩子会马上说"不好";但是如果你问他"你要不要吃一块巧克力",也许得到的回答仍然是"不要"。简言之,这是一个与父母进行竞赛并坚持自我的时期(R. Ryckman, 2005)。

在肛门期弗洛伊德认为最明显地表现出这种反抗行为的就是大小便训练了。一般父母会非常重视孩子大小便自主的情况,并用各种方法加以训练,但是如果一旦引起孩子的反感,孩子则会用一种反社会的方式来抵制父母的要求。例如,有的孩子拒绝排泄,有的经常尿湿裤子,有的以异常的姿势大小便等。

口唇期和肛门期又会被称为性欲的前生殖期。弗洛伊德一直认为早期经验对于人的一生都有重大影响,因此处于口唇期和肛门期的儿童如果受到过度溺爱或者被剥夺感觉,那么该儿童的人格发展将会受到影响。例如口唇期没有得到满足,长大后会表现出对口唇刺激过多的追求,如大口吞咽、吸吮手指、咬铅笔头以及吸烟等等不良行为。更为严重的情况下,成年后的儿童还容易形成口唇攻击型人格,这种人格类型的人往往嫉妒他人的成功,而且通过使用控制策略努力操纵他人。而在大小便训练中发生问题的儿童中,长大后的人格特征中往往具有如下特点:顽固、吝啬、刻板且又有条理,同时还是一个一丝不苟、刻意追求完美的人。

弗洛伊德的理论表明,成年人身上存在的特定人格特征产生的根源在于童年时期的经历,因此童年期儿童的抚养方式、主要照料者的特征等等对其后的发展影响深远。

2. 埃里克森的同一性渐成说

作为弗洛伊德的门徒,埃里克森发展了弗洛伊德的理论,提出了人格发展的同一性渐成说。他认为儿童的发展遵循渐成论(epegenetic)原则,把人一生的发展分为了八个阶段,其中0—3岁又划分成如下两个阶段:基本的信任感对基本的不信任感;基本的自主感对基本的羞耻感与怀疑。

第一个阶段是基本的信任感对基本的不信任感(0岁至1.5岁),其发展任务就是培养儿童对周围世界尤其是社会环境的基本态度。婴儿出生后有各种生物学需要,如要吃、喝、有人抚摸和拥抱等等,当这些要求都及时获得了满足,婴儿就会对周围的人产生一种信任感,感到周围的世界是值得信赖的。这种对人、对周围环境的基本信任感是形成健康个性的重要基石。一个获得了信任感的婴儿长大后对于周围环境与人的预期往往是积极的,从而可以自信地去探索。反之,如果婴儿的基本需要没有得到满足,那么婴儿在人之初便会对世界产生一种不信任感和不安全感,而且这种不信任和不安全感会一直延续到以后的发展阶段。与弗洛伊德不同的是,虽然埃里克森也强调了喂食的重要性,但是他认为婴儿的健康并不依赖于食物或口唇刺激的数量,而是与照料者行为的质量有关。例如母亲对于婴儿的哭声采取了迅速而敏感的反应,这种照料者行为就是高质量的。

第二个阶段则是基本的自主感对基本的羞耻感与怀疑(1.5岁至3岁),此阶段的主要发展任务就是自主性。此时的儿童已经学会了信任他的主要照料者与周围的环境,要发展的就是他们的独立性,他们开始变得渐渐地有主见,并开始运用已经获得的信任感,来判定他们能够做什么。他们开始变得喜欢显示自己的力量,爱说"我"、"我自己来"之类的话,同时尝试自己吃饭、穿衣、走路,对成年人的帮助也开始说"不"。儿童的这种发展不仅使他们扩大了认知范围,还培养了独立性。但是儿童在努力表现自主意志的同时,又保留着对成人的高度依赖,因此,父母给孩子提供合适的指导和合理的选择就显得非常重要。如果这个阶段父母耐心且持续地指导儿童,那么儿童就会发展出自主感和自我控制感。在这种教养方式下,儿童在完成各种任务的过程中会体验到越来越强烈的自豪感,并对他人产生积极态度。如果父母过于放纵或者过于严厉,或者对儿童要求过高,尤其是限制过多和批评过多的话,那么儿童便会体会到一种失败感,从而对自己的能力产生怀疑,其结果是,儿童可能会试图通过冲动性行为来重新获得控制感(Erikson,1963)。

埃里克森的理论提出了各个发展阶段所面临的特定的心理社会发展任务,并将解决发展任务视为一种两极分化的对立面的争斗过程。儿童每个阶段发展任务解决的成败,直接影响到个体未来人格的整体面貌。

（二）行为主义与社会学习理论

行为主义理论基本认定新生儿的心智是空白的，通过后天环境中的刺激引发的应答性行为（传统行为主义），刺激反应所造成的不同后果的影响（操作行为主义），以及观察并模仿环境中榜样的行为（社会学习理论）来获得自己的行为。行为主义虽然在心理学和教育学研究中已经不占统治地位，但是它的许多基本观点，尤其是对儿童行为塑造等方面的影响力仍然存在。

1. 传统的行为主义

传统的行为主义以俄国生理学家巴甫洛夫和美国心理学家华生为代表，他们通过一系列动物和儿童实验认定，环境是影响发展的最重要因素，对于0—3岁儿童的早期教育而言，传统行为主义理论的贡献主要集中于以下三个方面：

第一，重视家庭教育的影响。3岁前的家庭作为儿童生活的重要环境对儿童的成长影响巨大。华生特别强调家庭环境对于儿童情绪发展的影响，认为父母是儿童情绪的种植者和培育者，而3岁的儿童已经具备了日后所有情绪倾向的基础。

第二，发现行为习惯养成的规律。华生认为，习惯是在适应外部环境和内部环境的过程中学会更快地采取行动的结果，而年龄是影响行为习惯形成的重要因素。通过动物实验，华生发现年龄越小的老鼠形成行为习惯的成绩越好，速度越快。因此华生提出，从小培养儿童良好的行为习惯，并形成习惯系统，是早期教育的重要内容。

第三，重视儿童早期行为习惯对成人后人格的影响。华生在其《行为主义》一书中曾说到，"婴儿期和儿童期会使成年人的人格颇具色彩"，"许多已经形成的习惯系统从婴儿时期和青年早期一直遗留到成人生活"（华生，1927）。因此孩童时期可以通过改善儿童所处的环境，从而形成婴幼儿良好的行为习惯，从而为健康人格打下基础。

2. 操作行为主义

美国心理学家斯金纳是操作行为主义理论的代表人物。他认为儿童的行为可以通过强化与惩罚来进行塑造。所谓强化就是当儿童的行为符合成人期望时，成人在儿童行为出现后给予强化物，例如拥抱、抚摸、微笑、食物玩具等，这种方式可以增加该行为发生的概率。反之，可以通过诸如批评或者没收玩具等惩罚方式来减少那些与成人期望不符合的行为发生概率。操作条件作用被广泛地运用在早期儿童教育中，对儿童心理和教育提供了有益的指导原则。

3. 社会学习理论

与上述两种行为主义不同的是，社会学习理论将研究的范围缩小至社会性行为，研究如何教育儿童掌握社会规范，为儿童的社会行为发展提供了更直接的解释。美国心理学家班杜拉是社会学习理论的重要代表人物，在其理论中，班杜拉指出社会行为的获得与认知领域的学习行为不同，不需要学习者直接反应，亲自体验强化，只要通过观察他人在一定环境中的行为，观察该行为结束后产生的后果，就能完成学习，他把社会行为的这种学习方式称为观察学习，亦称替代学习。在婴幼儿时期，儿童的很多社会性行为就是通过观察周围环境中的成人或其他儿童的行为来获得的,例如母亲用亲吻表达对孩子的喜爱,孩子也会用同样的方式去表达对同伴的喜爱。

社会学习理论对于儿童社会化过程十分重要,它揭示了儿童社会性行为获得的特殊性,对早期儿童社会性发展具有重要意义。

(三) 习性学的发展理论

所谓习性学的发展理论就是借用习性学的基本观点和研究方法来研究儿童发展,而习性学是生物学的一个分支,研究物种在自然环境中进化的、有意义的行为。习性学的发展理论中对于0—3岁儿童发展与教育的研究主要集中在以下两个课题:关键期和依恋。

1. 关键期理论

关键期是指个体在一生中某些特定的时期对特定的刺激较为敏感,这时的学习效果比更早或者更晚学习都富有成效。

关键期的概念是著名习性学家洛伦兹于1935年提出的,他发现了鸟类出生后第一天或第二天就能获得有关母亲或者鸟类这一物种所具有的明显特征的印象,他将之称为印刻。印刻现象使得幼鸟可以跟随自己父母,从而获得食物和保护。洛伦兹认为印刻现象是不可逆的,过了关键期(出生后第一天或第二天),就没有正确的印象了。在人类身上,人们也观察到了关键期,或者敏感期的现象,儿童心理学家格塞尔就曾说过,儿童学习时机非常重要,如果一种经验在适当的时候出现,那么儿童掌握该经验就会很容易。例如幼儿什么时期获得母语就是一个很好的例证。

关键期概念的出现对于早期教育而言有着重要的意义,意大利教育家玛利亚·蒙台梭利曾在其《童年的秘密》一书中对人类婴幼儿期关键期的重要性提出了自己的见解,她认为"关键期与特定年龄相适应……正是这种敏感性使得儿童以一种特有的强烈程度接触外界环境,在这个时期,儿童很容易地学会特定的事情"。蒙台梭利还将儿童期特有的关键期进行了归纳,认为儿童期一共存在着九大发展的关键期,其中与0—3岁早期教育相关的关键期有如下几个:

● 语言敏感期(0—3岁)

● 秩序敏感期(0—3岁)

● 感觉敏感期(0—5岁)

● 细节敏感期(1.5—3岁)

● 运动敏感期(1—4岁)

● 生活和礼仪敏感期(2.5—4岁)

近年来,越来越多的学者指出,关键期,尤其是人类的关键期仍然需要大量更为准确的研究来规定其含义。

2. 依恋理论

依恋,一般是指个体的人对某一特定个体的长久持续的情感联系。在发展心理学中,依恋特指婴儿与成人(父母或其他看护人)形成的强烈的情感联结。弗洛伊德曾经指出,婴儿与母亲(照料者)的情绪连结是婴儿成长中所形成的一切关系的基础,而婴儿与母亲(照料者)之间的充满感情的联系就是依恋,由此可见依恋的重要性。母婴依恋的建立,有助于婴儿形成积极、健康的情绪情感,养成自信、勇敢、敢于探索的人格个性,培养乐于与人相处、信任人的基本交往态度。

英国心理学家约翰·鲍尔比用习性学的观点对依恋现象作了深入研究,建立了依恋的习性学理论。该理论认为,婴儿与父母之间存在着天然的连结,婴儿会用自己的信号,如哭、咿咿呀呀声、注视等等行为将父母召唤到自己身边,随着这种连结越来越紧密,婴儿与父母(照料者)之间便形成了真实的情感。

鲍尔比认为依恋的生物学功能是保护作用,依恋使得婴儿与成人之间保持一个相对较近的距离,以保护儿童不受环境中的危险因素的伤害。

依恋的研究非常多,除了鲍尔比的理论之外,安斯沃斯也对依恋的类型等进行了划分。这些研究对早期儿童社会性教育而言十分重要,因为它们揭示了依恋对于0—3岁儿童情感发展与社会化带来的影响。

三、0—3岁儿童社会性发展与教育的重要性

对于0—3岁儿童而言,论及社会性发展是不是太早了呢? 其实无论是从发展的观点,还是从教育的观点来看,都是恰逢其时。

首先,从儿童发展的整体视角来看,社会性发展是儿童健全发展的重要组成部分。我国的教育方针历来以全面发展作为教育的根本目标,力图培养德智体美劳各领域都健康发展的儿童。因此全面发展的儿童,正是我国历来教育价值观的体现,也是社会对于未来主人的要求。所谓最传统的,有时也是最有生命力的,全面发展的完整儿童应该是教育的恒久目的。席勒在其《审美教育书简》中曾经如此描绘一个处于"完整状态(holistic state)的儿童"——专注地整合人的所有能力,理性与感性的能力,投入到学习的儿童。换言之,一个完整的儿童应该是在一个有包容度的环境中,不仅对知识、艺术进行探索与建构,而且对情感体验与表达、人际关系等等都有自己的好奇与探究。社会性发展作为"完整状态儿童"中不可或缺的一个方面,理应引起高度重视。

其次,从儿童发展的规律来看,新生儿其实从一出生开始,就表现出其作为社会成员的倾向性。比如,研究表明给新生儿听各种声音:自然界的风声和雨声、动物的叫声、美妙的音乐,还有人的说话声,新生儿无一例外都最喜欢听人说话的声音,表现出最初的对他人的兴趣。同样科学家用专门的仪器测量出在众多图案中,婴儿最喜欢看的也是人脸,无论这张脸是不是他的亲人。因此可以说,从出生开始,婴儿就踏上了他/她的社会化之路,只不过以与其年龄特征相符合的方式表现出来。与此同时,婴儿也以自己的方式开始与周围的人和环境进行交往,例如新生儿来到世界上的第一声啼哭便具有社会学意义,他们利用哭声来唤起成年人,尤其是母亲对自己的关注,发起了人和人之间的第一次交往。研究表明,各种亲社会行为的萌芽也往往发生在0—3岁期

间,因此,幼儿社会性发展的培养已然成为当代科学育儿观念和方法中的重要内容。

最后,从教育的角度而言,从小培养儿童的社会性发展,对其一生的发展都有重要影响。社会性行为能力的获得不是天生的,不是短期培训就可以获得的,更不是课本中可以觅得的;它的培养仍需从娃娃抓起,从小重视儿童的情绪发展、自我意识、自我控制和与他人的交往,这样才能真正帮助孩子掌握开启通往成功之门的钥匙。与认知培养不同的是,社会性发展的培养不是在某个固定时段中进行的,而是渗透在日常生活中;许多社会性行为的获得不是只靠"言传",更要家长在日常活动中对孩子进行"身教",只有这样才能为孩子的健康成长打下坚实的基础。

第一章　0—3 岁儿童自我系统的发展与教育

第一节　自我系统概述

一、什么是自我系统

自我是心理学中的一个重要概念。但是关于什么是"自我",却没有一个定义被认为是普世性的。

有关自我的心理学研究最早始于詹姆斯(James)。他提出了自我的层次结构观点,即把自我分为主体我(I)和客体我(me),其中,客体我又由身体自我(bodily self)、社会自我(social self)、物质自我(material self)和精神自我(spiritual self)四种水平或四个部分组成。

继詹姆斯之后,米德(George Herbert Mead,1934)也把自我划分为主体我和客体我。主体我是作为主体的自我,是"个人经验中对社会情境进行反应的东西",是动态的、积极的自我;而客体我是作为认识对象的自我,是自我意识的本体,是个体在与他人、环境的互动中产生和形成的,是通过别人对自己的评价而形成的,是静态的。在米德的概念中,特别重视客体我是一种社会自我。同米德一样,库利(Charles Cooley,1902)认为个体的自我产生于和他人的交往中。他于1922年提出了"镜像自我"这一概念。镜像自我指个体对镜子面前所看到的自己的相貌、仪表和穿着等感兴趣,包括他人对自己的外表、形象的认识,他人对自己的行为举止和人格等方面的评价和某些自我感觉。

刘易斯等(Lewis;Brooks-Gunn,1979)将自我分为"存在自我"和"类属自我"。存在自我(existential self)指个体是作为一个独立体而存在的;类属自我(categorical self)也即客体我,在发展过程中,婴儿必须形成类属概念,通过类属概念来确定自我,如性别和年龄就是两个类属范畴。

内塞尔（Neisser，1988）根据信息的不同类型，区分了自我知识的五种类型：（1）生态自我（ecological self），即直接知觉身体环境方面的自我，是与自己的身体特性有关的自我知识，它是独立于环境中其他人和物的自我身体感觉；（2）人际自我（interpersonal self），即依靠交流的情绪方面和其他特殊典型的形式方面来直接知觉的自我，是与他人有关的自我的知识，在与他人的交往中产生；（3）扩展自我（extend self），依靠记忆和预期知觉的自我；（4）私我（Private self），反映我们的意识经验是专属于自我的知识；（5）自我（self-concept），依靠社会文化经验的自我理论。

基于此，有研究者提出了自我系统结构的交错型描述，即自我的结构要素包括既相对独立又相互关联的四个成分，即个人自我、关系自我、社会自我和集体自我，每一成分均存在其自身形成的判断标准、参照对象及决定因素等，即自我图式。

黄希庭（2004）指出，自我是一个复杂有序的、有层次结构的开放系统，可以作多种描述。至少可以从以下 8 个维度对自我进行描述：

（1）从主—客体关系维度可将自我分为主体自我（self-as-perceiver）和客体自我（self-as-object of perception）；

（2）从与人的关系维度可将自我分为个体自我（individual self）、关系自我（relational self）和集体自我（collective self）；

（3）从与时间关系维度可将自我分为过去自我（past self）、现在自我（present self）和将来自我（future self）；

（4）从发展的维度可将自我分为身体自我（body self）、物质自我（material self）、心理自我（mental self）和社会自我（social self）；

（5）从个人活动领域维度可将自我分为家庭自我（family self）、工作自我（working self）、学校自我（school self）、学业自我（academic self）、数理自我（logicomathematical self）等；

（6）从评价维度可将自我分为好我（good self）和坏我（bad self）；

（7）从个体意识关注方向的维度可将自我分为私我意识（private self-consciousness）和公我意识（public self-consciousness）；

（8）从中国传统文化特别重视的自我维度可将自我分为自立（self-suporting）、自信（self-confident）、自尊（self-esteem）和自强（self-stronging）等等。

张文新（1999）在其《儿童社会性发展》一书中写道："我国学者认为，自我是由知、情、意三方面统一构成的高级反映形式。知即自我认识，包括自我感觉，自我概念等……其中，自我概念，自尊和自我控制是个体自我系统的三个主要方面，也是该领域研究者关注的焦点。"

综上所述，自我系统是个体对自我的知、情、意三方面统一构成的高级反映形式，由自我认知、自我体验和自我控制三个子系统构成，是个性形成水平的标志，因此是推动个性发展的重要因素。

二、0—3 岁儿童自我系统的发展

自我是人格内化的结果。内化是指一个人采纳他人的态度、信仰和行为,并变为自己的这样一个过程。认同理论研究认为:个体对他人有强烈的情结时,他们竭力仿效他人,希望获得这些情结,获得爱和接受(例如 Bandura,1969;Kelman,1961)。认同过程的基础性研究(最能说明社会化的是认同过程,它是自我发展的关键)发现从一开始就存在特殊的照看人——孩子关系。自我知识的获得首先是模仿他人。

婴儿最初是从与照看人的相互交流,相互依赖的过程中,获得相关的经验事件,它是婴儿自我的基础。一岁以后,自我——他人的交际较少基于相互依赖,而较多依赖于孩子自我的内部工作模式(Bowby,1969)。这些模式或图式,通过有选择地影响整个持续不断的信息加工而起作用。自我内部工作模式一旦形成,这种模式及其相应的关系将影响一个人的一生。

(一) 斯皮茨(RA. Spitz)的自我系统发展过程观点

斯皮茨阐明了从新生儿开始的亲子关系中构造自我的发展过程。他对婴儿自我构造的三个阶段进行了描述。第一阶段,婴儿刚出生不久,只有一种混沌的一般机体感觉,随着母亲奶头的得到与失去,开始了初步的辨别性感觉。到出生 2 个月,开始对运动着的母亲面孔发出微笑,这是对象关系的开始。第二阶段,婴儿开始认识了他的母亲,看到生面孔就哭,这一现象叫做"第八个月焦虑"或"陌生人焦虑"——说明对象关系达到新的水平。第三阶段,15 个月左右,母亲的声音重要起来,语词也参与交往,儿童开始叫"妈妈";另外婴儿也急需表示他抽象的思想,第一次抽象常常就是说"不",伴有一种摇头的动作。它标志着词语交往的开始。

(二) 雅可布森(E. Jaocbson)的自我心理结构发展模式

雅可布森提出了一个包括对象关系在内的自我心理结构的发展模式,她把儿童自我发展分为四个阶段。第一阶段,前共生阶段,机体的各种因素共同决定着婴儿内部心理过程,这一阶段的第一个外显表现就是愉快的情感,由于未分化的心理生理,自己既标志着自己表象又标志着对象表象的始发点,因此力比多能量向自己和对象上贯注原本是同一个过程。第二阶段,婴儿区分出自己和表象世界,这一阶段直到婴儿能将自己表象从对象中分离出来才结束。第三阶段,儿童发展出一套理想化的自己表象和对象表象,进一步把自己从对象中分化出来,促进自我的自主。第四阶段,以对象恒常性为标志,大约在 4—5 岁左右开始,幼儿理想化了的自己表象和对象表象已被整合成为自我理想,而自我理想又被掺合成为超我的一个部分。这时自我和超我才真正分化出来,从而完成了自我、本我和超我三分结构的建立。

(三) 玛勒(M. Mahler)关于婴儿自我发生发展过程的观点

玛勒在她长期观察积累大量论据的基础上,制定出一个常规的发展阶段序列,用以划分儿童从诞生到成长为一个人或者走向精神异常的过程。她首先把婴儿头三年的发展划分为以下几个阶段:

1. 我向阶段(0—1 个月)

新生儿在一种原始混沌的无定向状态中度过,满足需要是属于他自己的唯一的我向(autism)范围,新生儿没有目的,不能区别自我与对象(母亲)。

2. 共生阶段(2—4 个月)

婴儿对母亲还只具有一种模糊的认知,婴儿自己与母亲之间还没有真正的分离,但婴儿在母亲对他的各种需求的控制下不断经历愉快和痛苦的经验,从而开始对自己身体的感觉与外界对象的感觉加以区分。本体感受的出现,意味着婴儿自我内部核心的形成。

3. 分离—个体化阶段(5 个月—3 岁)

该阶段包括四个子阶段。分离子阶段(5—9 个月),婴儿能从他与母亲的共生中分化出自己身体表象,这一阶段的主要发展成就是婴儿积极的分离机能开始发展起来了。练习子阶段(10—14 个月),婴儿最初把兴趣专注于母亲所提供的物体上(如玩具、奶瓶等),但主要兴趣还在母亲身上,同时婴儿也逐渐发展了运动协调能力,可以探索周围的世界了。协调子阶段(14 个月—2岁),儿童更能觉察到与母亲的分离,但也更能利用认知能力来抵抗挫折。分离—个体化本身子阶段(2—3 岁),母亲的表象作为一个外在的实体已经在婴儿的心理上得以巩固,婴儿自己的个性也就随着这种认知能力的增长而开始出现。这一阶段使婴儿形成了自我意识,产生了一个具有稳定意义的"客体我",即得到自我的同一性。

三、0—3 岁儿童自我系统发展的意义

在婴幼儿时期发展起良好的自我系统,有利于幼儿在成长过程中形成对自己、他人以及周围事物的正确态度,使幼儿容易建立良好的人际关系,对学习有兴趣,情绪稳定。否则,幼儿对自己就没有信心,对周围世界缺乏兴趣,消极情绪较多,有的甚至会产生一种焦虑和恐惧心理,害怕与他人接触交往,行为退缩,产生自卑的性格特征,这将影响幼儿各方面的发展。具体来说,0—3 岁儿童自我系统发展的意义主要体现在以下几方面:

第一,能促使幼儿心理健康。荣格认为自我概念在调节心理健康方面有着重要意义。罗杰斯理论认为一个人自我认可程度越高,表示他心理越健康。不过研究也表明,得到自我评价过高的个体也容易产生孤独心理。班杜拉提出自我效能概念,他认为个体若对自己的前景持有乐观态度的看法,则有利于其心理健康,其情感会更加坚韧,较少焦虑和消沉,更能获得学术上的成功。塞里格曼(1991)认为消沉的自我概念使人们更加抑郁,甚至变得淡漠而毫无激情。我国学

者兰燕灵等人(2004)的研究发现培养积极的自我概念有助于对儿童的行为问题进行预防和干预。

第二,能帮助幼儿增加成功的动机和机会。研究表明(Bjorkund & Green,1992):幼儿对其能力所持的过于乐观的看法,可能是有益的,并且有助于幼儿适应他们的环境,因为这种看法可以鼓励儿童去尝试一些困难的任务。

第三,有助于发展良好的人际关系。有研究表明积极的自我概念与受欢迎情况有显著相关(Bohrnstedt & Felson,1983)。洛克斯(Loucks)的研究发现自我评价、自我概念差的学生容易产生孤独感,个体较低的自尊和自我评价对建立和维持令人满意的人际关系产生消极影响。

第四,自我概念能决定人们的期望。儿童对自己的期望是在自我概念基础上发展起来的,并与自我概念保持一致。研究发现,差生的成绩落后并不是独立存在的,而是整个行为动力系统都出现角色偏常的结果。差生消极的自我概念,不仅引发了自我期望的消极,而且也决定了差生只能期待外部社会的消极评价与对待,决定了他们对消极的行为后果有着接受的准备,他们不再愿意努力学习,学习对他们也不再产生应有的兴趣。佩什金斯基和格林纳(1987)指出,抑郁引起强烈的消极情绪与否定的自我概念,从而使自我更加消沉,以至对社会作出进一步反应,又导致消极的情绪与否定的自我概念,如此往复循环。因此他们的客观自我状况也难于出现积极的改变。

> **专栏**　**第一反抗期与自我系统的发展**
>
> 一个人从出生到成熟,大约经历20年,其间有两个时期意识和行为的独立倾向最为强烈,一个是少年向青年的转折时期,另一个是在3岁左右这个特殊时期,一般将这个时期称为"第一反抗期"。
>
> 三岁左右的儿童机体不断发育完善,各种生活能力逐渐增强,能跑,会操作或摆弄一些简单的物体,随着交往范围的扩大,知识经验也不断增加。于是,突然感到自己什么都会做,很能干,变得不愿听从别人的安排,常常想到什么,就要做什么,不考虑后果,也不知道失败的危险,一反过去安静、听话和较强的依赖性。虽然能力不强也要自己动手自己干,表现出不听话、固执、顶撞,经常说"我自己来"、"我不要"这一类的话,呈现出个性心理的"自我"发展时期的种种特征。根据儿童这一阶段的表现,心理学家称此年龄段为第一反抗期。
>
> 反抗的首要原因是孩子开始萌发"自我"意识、自我要求,自我思维变得越来越清晰,企图按照自己的想法行事。但是,这时他们的要求与思维还没有达到充分完善的程度,所以就只能事事采取反抗的态度了。反抗期证明儿童发育正常,做父母的不必感到惊慌。

第一反抗期的儿童的自我意识是怎样产生的,又是怎样发展的呢?我们认为,这一阶段的儿童自我意识是由需要而产生的,在其实践活动(语言、游戏和与他人的关系)中发展起来。

这一年龄阶段的儿童知觉和肌肉运动的准确性大大改善,言语能力得到加强,脑皮层的构造发生了显著的变化。脑皮层的发展使儿童行为调节器的作用逐渐增大,促进了儿童较复杂的神经联系的形成。这时,他们往往变得十分爱提问题、对一切都感到新鲜。同时,社会也向儿童提出新的道德要求、情感要求和认知要求。儿童在这些新的要求中,主体也相应产生新的社会性需要。这一不断生成的过程,使儿童自我意识获得新的内容和得到新的发展。

语言的发生和发展对心理的发展有着重要作用。言语自我认知(verbal self-recognition)是儿童通过自我参照言语识别自己的一种认知能力,即儿童用名字表述自己,以及使用"我"、"我的"或与"我"有关的短句来表述自己。

不仅语言可以促进幼儿自我意识的发展,活动(主要是游戏)也具有这种效用。在运动性游戏、创造性游戏、娱乐性游戏等各种游戏中,儿童心理品质得到很好的发展,自主意识增强,可以说"游戏是儿童认识世界的途径",同时,它又是儿童认识自己、发展自我意识的重要手段。

此外,这阶段,儿童在与成人及同伴的交往过程中,自尊心、自我评价、独立感、骄傲等高级情感随之产生,他们需要渴望自己尝试并得到同伴及成人的认可,同时,儿童还通过自己与物的关系来认识自己,使自我意识得到发展。

第二节　自我概念的发展与教育

一、什么是自我概念

(一) 自我概念的定义

自我概念(self-concept)作为心理学研究的重要领域,尽管研究者们对它进行了大量的理论探讨和实践研究,但在自我概念的界定和测量上仍存在很多的争议。不同的学者对自我概念有不同的界定。

人本主义心理学家罗杰斯(Rogers)在他的自我理论中首次正式提出"自我概念"的名称,他认为自我概念一方面指对自身存在的主观觉察,另一方面包括人们认为属于自身一部分的各种特称。罗杰斯还指出,自我概念由理想自我和现实自我组成,前者指人们想要成为的那一类人,后者是人们对自己当前实际情况的认识。对一个人的个性与行为具有重要意义的是他的自我概念,而不是其真实自我(real self)。自我概念不仅决定环境对个人的意义,也决定了个人对环境的行为反应。他认为自我概念是个人现象场中与个人自身有关的内容,是个人自我知觉的组织系统和客体自身的方式。

美国心理学家布鲁诺在《心理学关键术语词典》(王振昌译,1991)中提到,自我概念就是对某人自己的人格所做的总体估价。这种概念来源于我们对自身行为的特性倾向所做的主观评价。所以,自我概念不是肯定的,就是否定的。

结合以上西方理论,我国学者林崇德也提出了自我概念的定义:自我概念是个人心目中对自己的印象,包括对自身存在的认识,以及对个人身体能力、性格、态度、思想等方面的认识,是由一系列态度、信念和价值标准所构成的有组织的认知结构,它把一个人的各种特殊习惯、能力、观念、思想和情感组织连接在一起,贯穿于经验和行为的一切方面。

(二) 自我概念的理论模型

罗森博格(Rosenberg)的自我概念理论,为后来自我概念多维度多层次模型的产生奠定了重要的基础。他认为自我概念包括个体对自己各个方面的看法,即生理和身体方面、社会结构、作为社会行动者的自我、能力与潜能、兴趣与态度、作为个性品质的一些本质特征、内在思想、情感与态度等。由此,他提出自我概念可以分为一般自我概念和具体成分自我概念,分属于两个层面,不能混同;同时重视自我概念中各成分要素之间的关系,认为有的成分要素处于中心位置,有的处于边缘,有些成分可进一步聚合为更大的成分,构成部分整体。

在此基础上,沙威尔森(Shavelson)等人提出了自我概念的多维度多层次结构模型。他将自我概念描述为一个多维分层结构,从低到高按照发展程度的顺序分层。底层是最早形成的身体行为自我概念(自我识别和行动感),作为较高层自我概念形成的基础。随着认知能力的提高和与外界互动关系的增加,自我概念由低向高发展,其总体结构逐渐整合,最终发展出成熟的结构,形成归纳性的一般自我概念。在层次的内部,沙威尔森将一般自我概念分成学业和非学业的自我概念,学业自我概念细分为更具体的不同学科自我概念,非学业自我概念分为社会的、情绪的和身体的自我概念(见图1-1)。

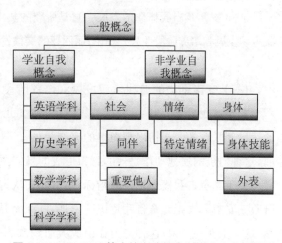

图1-1 Shavelson 等人的自我概念多维度多层次模型

哈特（Harter）等人进一步提出，评价儿童自我概念水平必须考虑到心理发展的年龄特征，不同年龄阶段儿童的自我概念成分要素不同，随着年龄增长，自我概念成分不断增加，儿童对自我的认识不断深化，并日趋完整，由此建立了不同年龄阶段的自我概念模型（见表1-1）。

表1-1　Harter 的不同年龄阶段自我概念维度表

学龄前儿童 能力知觉	学龄儿童自我 知觉侧面	青春期学生自我 知觉侧面	大学生自我 知觉侧面	成人自我 知觉侧面
认知能力	学术能力	学术能力	学术能力	学术能力
身体状况	艺术能力	艺术能力	智力	幽默感
同伴认同	同伴社会认同	社会认同	创造性	工作能力
行为成果	行为成果	行为成果	工作能力	道德
	身体状况	身体状况	艺术能力	艺术能力
	一般自我价值	朋友关系	身体状况	身体状况
		魅力	同伴社会认同	社会性
		工作能力	朋友关系	亲密能力
			幽默感	供给者的适当性
			道德	家务管理
			一般自我价值	一般自我价值

二、0—3 岁儿童自我概念的发展

0—3 岁儿童自我概念的发展一直是研究的热点，其中比较成熟的理论主要包括：安南耶夫的自我意识发展和培养阶段性公式理论；丽西娜的交往发生理论；哈特的客体我与主体我的发展理论。

（一）安南耶夫的自我意识发展和培养阶段性公式理论

关于自我概念的发生，安南耶夫指出，在婴儿生活中，其心理上的主观最初现象是同有目标的运动相联系的。起初出现简单的有结果的动作，然后出现有一定目的的动作。婴儿会说话以前，这种初步的实地动作是他的意识形成的最初源泉。

关于儿童自我概念发生的指标，安南耶夫认为包括一系列准备阶段。首先，初级的自我意识阶段。安南耶夫把儿童自我意识的出现，同儿童从自己动作对象中分出自己动作的能力联系起来，这发生在一岁末，这种能力在由成人组织和指导的初级游戏活动过程中形成。其次，儿童把自己同自己的动作分开，即儿童意识到他所做的动作是"他的动作"，这些动作都是他自己做的，他是活动的主体。再次，儿童语言的发生发展加快了自我意识发生的进程。安南耶夫把儿童叫自己名字的技能,看成是自我意识形成的最重要因素。他把这个因素与以自己的愿望和动作表象为形式的"自我感觉"能力的出现联系起来。最后,自我意识明显发生,这时儿童从叫自己的名字过渡到谈自己时使用代名词"我的"、"我有",尤其是有意识地使用第一人称代名词"我",这说明儿童正从自己的表象向思维过渡。

安南耶夫领导的研究组在19世纪40年代研究的基础上,提出了"儿童自我意识发展和培养的阶段性公式",概括了儿童自我意识发展的四个阶段:从动作对象中分出自己的动作(1岁前);从用名字称呼自己改为用"我"称呼自己(3、4岁);从对自己的表象的认识向关于自己的思想的认识过渡(学前晚期);从对自己的思想的认识向自我评价过渡(学龄初期和少年期)。

(二)丽西娜的交往发生理论

丽西娜在其著作《学前儿童自我认识心理学》中介绍了她关于儿童自我意识的交往发生理论。她以辩证唯物主义和历史唯物主义为基础,强调社会关系对儿童自我意识形成的重要作用,认为从交往发生论角度看待自我意识的发生问题是一种更有效的途径。因为儿童只有在和别人交往的过程中,才有机会认识自己的伙伴,并通过伙伴认识自己。既然个性是作为交往活动的特殊客体出现的,那么由每一个孩子做出的对别人的主观反映和通过别人对自己的主观反映,就应该说是交往的特定产物。交往实际上是主体希望认识别人并通过别人认识自己,希望评价别人并通过别人评价自己的过程。知识、观念、映像和思想都是对客观现实的主观映像加以保持的方式。所以,"别人的映像"和"自我映像"都是交往的产物。由于交往而产生的映象结构,可以分出两个主要部分——认知部分和情绪部分,它们是统一的。自我映象的认知部分的产生涉及自我认识问题,而情绪部分则涉及儿童自我评价的机制问题。

(三)哈特的客体我与主体我的发展理论

哈特(Harter,1983)总结大量的相关研究,提出了一个婴儿主体我与客体我的发展体系。她把婴儿自我认知的发生发展分为五个阶段,前三个阶段为主体我的发展,后两个阶段为客体我的发展。

第一阶段,5—8个月,婴儿显示对镜像的兴趣,他们注视它、接近它、微笑并咿呀作语,但他们对自己的镜像与对其他婴儿形象的反应没有区别,说明他们并未认识到镜像中是自己的映象、自己与他人的差别,及自己是独立存在的个体。此时婴儿还没有萌生自我意识。

第二阶段,9—12个月,婴儿显示了对自己作为活动主体的认识,他们主动地以自己的动作引起镜像中的动作。这一阶段产生了初步的主体我。

第三阶段,12—15个月,婴儿已能区分由自己做出的动作与他人所做出的动作的区别,对自己镜像与自己活动之间的关系有了清楚的觉知,说明婴儿已能把自己与他人分开。主体我得到明确的发展。

第四阶段,15—18个月,婴儿开始把自己作为客体来认识,表现在对客体特征(如红鼻头镜像)与主体特征的联系上,认识到客体特征来自主体特征,对主体某些特征有了稳定的认识。反映了在客体我水平上的自我认知。

第五阶段,18—24个月,婴儿已具有用语言表示自己的能力,已经能意识到自己的独特特征,能从客体(如照片)中认识自己,用语言表示自己。表明已具有明确的客体我。哈特关于婴儿自我认知发生过程的模式,为我们提供了许多有益的线索和帮助。但我们也应注意,主体我和客体我的发展不是截然分开的,在整个婴儿期,主体我、客体我都在稳步地发展着。

20世纪90年代中期至21世纪的今天,研究更加多元化。较多研究者开始关注1岁前婴儿是否具有自我感觉。巴瑞克等(Bahrick、Moss和Fadil 1996)让婴儿和学步儿童坐在镜子前看自己的形象,给他们看自己的录像和照片,结果发现,婴儿在看自己的录像和一个同龄人的录像时,3个月大的婴儿看他人的录像的时间更长些,这说明婴儿在出生的头几个月就能通过镜子识别出自己和他人。罗夏等(Rochat和Striano 2002)的研究表明,在自我认知能力发生前,婴儿就发展了对镜像自我—他人的识别;当婴儿4个月时,他们对自己或模仿者的面孔图像会表现出不同的知觉和活动,一般而言,婴儿对模仿者表现出更多的微笑和注视;9个月的婴儿对模仿者静止的面孔图像表现出更显著的社会积极性。雷迪等人(Reddy 2007)的研究发现,9周大的婴儿对于即时录像和回放录像中自我和他人的形象就有不同的反应。

三、0—3岁儿童自我概念教育的主要任务

(一) 帮助婴儿不断加深对自己的了解,促进自我认知的发生

婴儿认识自我的过程是可以促进的,这在很大程度上取决于外界对婴儿的刺激。婴儿对自己的认识来自于环境,大人要有意识地促进孩子认识自己,用多种方式让孩子了解自己的变化,意识到自己的成长。

经常带领孩子做"认识我自己"的游戏。根据儿童自我意识发展的规律,他们对自己的了解是从身体开始的。家长在与孩子游戏的过程中,帮助孩子了解自己的身体。当孩子躺着的时候,大人可以有意识地触动孩子的小手小脚,通过碰触刺激孩子手部脚部的肌肉,引起孩子相应的动作,有利于中枢神经的发育,让孩子意识到自己四肢的存在,也可以使孩子获得愉悦的感受。当孩子能开始认识到镜中的人是自己时,可以和孩子一起坐在镜子前,问他们看到了什么,让孩子描述镜子里看着他们的人是什么样的人,问他们喜欢什么,不喜欢什么,有什么爱好。这是一个让孩子敞开心扉,谈论他们是谁的好方法。当讨论镜中人而不是直接讨论他们自己时,他们通常会更少拘谨和害羞。

也可以通过问开放性的问题,让他们表达自己的情绪体验,从而帮助孩子探索自己的个性特征。避免问封闭式的问题,如,"你看到一只小狗受伤了会伤心吗?"相反,提问:"什么事情让你伤心呢?"你也可以改变方式,让孩子完成句子,"当我伤心的时候,我会……"这些都有助于培养他

们的自我意识,使他们在青春期和成年期成熟发展。

(二)注意语言的运用,促进婴儿的自我情绪体验,帮助自我概念的形成

一岁以后婴儿的自主性开始发展,他们开始要求自己做事,如自己拿勺子吃饭、自己洗手等。虽然他们做得不好,却总是在做。成人应该支持孩子的这种独立意识,保护他们的主动性,多给孩子提供自己做决定的机会,鼓励他做力所能及的事情。对成人而言,常犯的一个错误就是认为孩子太小,还不会做,因此对婴儿出现的一些"想要自己做"的要求置之不理,而将孩子想做的事情全都包揽过来。时间一长,孩子可能就会习惯让父母帮他做任何事,他本已出现的"自己的事情自己做"的意识和愿望也逐渐退化殆尽。家长一定要有耐心,要相信孩子有能力学会并完成事情。在培养孩子的独立自主的能力时,家长要经常运用有效表扬的方式来强化孩子的行为。在表扬时,要注意表扬的焦点应集中在某些特定的事情上,如"做这件事情时,你的确动了脑筋"或"我看见你非常认真地擦桌子"。

两三岁时,婴儿的自尊心开始发展,他们会通过各种方式来展示自己,希望得到成人的肯定和表扬,在受到夸奖时会感到高兴。家长应该用欣赏的眼光看待自己的孩子,用科学的态度对待孩子,既不一味表扬,也不能凡事批评。应具体指出孩子哪里做得好或不好,为什么,而不能用"你真笨"、"真不听话"一概而论。要注意保护孩子的自尊心,善于运用激励性、肯定性、尊重性的语气和孩子对话,不断引导孩子体验成功,在成功的体验中孩子的自我意识就会不断增强。

(三)接触丰富的社会环境,促进婴儿自我意识的发生,形成自我概念

孩子在出生后的头两年里,虽然主要与其父母交往,但事实上也已经开始了同伴间的相互交往。现代社会经济高速发展的同时也带来了一些弊端,如高楼的居住环境使儿童交往范围缩小,加上大部分家庭都是独生子女,使儿童缺少同伴交往的机会等。而同伴关系对婴儿个性、自我意识的形成及今后的发展都有着微妙而巨大的影响。例如,婴儿在同伴交往中的地位及其早期友谊的建立,都会影响婴儿自我概念的形成。因此家长应有意识地给孩子创造一些与同伴交往的机会,如与邻居的同龄孩子、与亲戚的同龄孩子定期活动。同伴带给孩子的影响和成人是完全不同的,在与同伴的友好相处中,孩子会学习体验他人的感受,理解他人的想法,从别人的角度想问题,学会考虑自己的举动对别人的影响,正确认识自己、评价自己,从而实现自我调节。

专栏 **不同阶段幼儿吸吮手指行为的含义与对应策略**

提起吮手指,父母都认为是不良的习惯,想尽办法去纠正孩子吮手指,弄得孩子哭闹不休,情绪不稳,父母焦急烦恼。其实吮手指并不全都是坏习惯,从生理和心理的角度来看,婴儿与幼儿吮手指的意义是不相同的,应分别对待。

依照弗洛伊德的观点,0—1岁为口唇期,婴儿的大多数感受都是从口腔中获得,口腔的满足又是心理的满足。大约有90%的正常婴儿都有过吮吸手指的现象。在婴儿初期,儿童就有本能的吮吸反射,当母亲的乳头以及衣被角或婴儿的手指等物体碰到嘴唇时,婴儿就会立即做出吃奶的动作,这种动作是人的一种食物性无条件反射,亦即吃奶的本能。此时的婴儿,因为没有自我意识,很难把自我主体和其它客体区别开来,因而误以为自己的手指是母亲的乳头,所以加以吮吸。婴儿时期吮手指是智力发展的一种信号,它标志着婴儿的心理发展进入到一个新的阶段,即进入到手指的功能分化和手眼协调的准备阶段。新生儿出生后只会两手紧紧握拳,并时而将手在空中挥动,左右摆头,很难将手对准自己的嘴,这是因为大脑皮层还未发育成熟,尚不能指挥自己的手放入嘴里。到了二三个月时,随着大脑皮层的发育,婴儿经过多次的尝试,学会了两个动作:一个是将手在眼前来回晃动,起初只是向手看一眼,稍后,眼睛盯着看自己的手,这种注视手的活动,可称为"看手"游戏。接着婴儿又学会了另一动作,当手偶尔碰着脸部就转头用嘴去吮吸手。最初是将整个手放到嘴里,以后就吮吸两三个手指,最后就只吮吮一个手指,通常是大拇指。从笨拙地吮吸整个的手,发展到灵巧地吮吸一个手指,说明了婴儿支配自己行动的能力有了提高,这是很大的进步。因为通过吮吸手指的动作,促使婴儿眼和手协调行动,为5个月左右学会准确地抓握玩具的动作打下了基础,这是可喜的智力发展信号。由于婴儿感觉最灵敏的部位是嘴的触觉,因此只要手碰到脸部,都要用嘴去感触,婴儿常将手认为是外界的东西,不认为是自己身体的一部分;要用嘴和舌头来吮吸感触,品尝它的滋味。常常在肚饿了,等待母亲喂奶,或疲劳了,要想睡觉以前。有时哭闹了,母亲不理睬时,以吮吸手指来代替母亲乳头,或以吮吸手作为安慰剂来稳定自身的情绪,这在婴儿心理上起着重要的作用。

稍大一些的幼儿开始长乳牙,新牙在生长过程中,牙床会产生痒、胀、疼的感觉,为缓解这些不舒适的感觉,幼儿也会吮指,目的是用手指头摩擦牙床,其功能类似成人的按摩、搔痒等。一周岁以后,吮指行为迅速减少。

大多数孩子在3岁左右会逐渐失去对手指的兴趣。也有个别的孩子到了三四岁仍以吮手指来寻求自我安慰。当他受到挫折而不高兴时或是疲倦了要睡觉时,有时感到孤独寂寞时都通过吮手指来获得心理上的满足,时间长了就养成了习惯,这与婴儿期的吮手指意义不同。这时期的幼儿吮手指是一种不良的行为习惯,父母应研究原因,是否习惯成自然,还是情感不满足或其他原因造成,应悉心了解,耐心纠正。

幼儿吮指除了早期的生理因素,专家们一致认为情感方面的需要得不到满足和心理上的羞怯、紧张、焦虑、恐惧、缺乏安全感等,以及行为受挫是形成幼儿吮指这一不良习惯的主要心理原因。引起幼儿不良情绪而导致吮指的原因很多,如家庭气氛紧张,父母不和、经常争吵；父母养育态度专制粗暴，经常打骂孩子；幼儿性格孤僻和生理上缺陷等等，都会使幼儿产生不安、紧张、焦虑、恐惧、苦闷、悲伤的情绪。在这种情绪支配下，有些幼儿就会通过吮指聊以自慰，缓解内心的紧张和焦虑，渐渐地便成了习惯性动作，以至成为一种不健康的心理反应。

预防和矫治幼儿吮指不良习惯可以从以下几方面入手：

1. 正面引导。不停唠叨、嘲笑或者威胁孩子再吮吸手指就要怎样等，都不是正确的做法，这样做的结果只会强化孩子吮吸手指的习惯。可以对他说："小婴儿才吮吸手指，你已经长大了，我可不愿意别人笑你还是个小宝宝。"

2. 关心理解孩子。当孩子的生活环境发生改变、身体严重不适或遇到困难、内心焦虑时，吮吸手指会变得很频繁，家长应细心观察，及时与孩子沟通，给予恰当的帮助。切忌在众人面前大声呵斥孩子，以免损伤其自尊心。

3. 恰当鼓励。和孩子一起制定一个特殊日历，如果他减少了吮吸手指的次数，就用贴纸或画星星的方法来鼓励他，然后在他彻底告别吮吸手指后，举行一个小小的"告别宴会"作为奖励。

4. 提供丰富的环境，转移孩子的注意力。当孩子想吮吸手指时，帮他找一些事情做，让他的手忙起来，或者准备一些健康零食，吃东西的嘴自然就无法再吮吸手指了。

5. 配合心理调节治疗。吮吸手指的习惯难以矫正时，可带孩子到医院儿童心理专科咨询，寻求帮助。

第三节 自我控制的发展与教育

一、什么是自我控制

（一）自我控制的定义

自我控制又被称为"自我监控"、"自我调节"等，在国外研究中，较多使用"self-control"、"self-regulation"等英文用词，其含义也大致相近。但是关于自我控制的概念，国内外学术界没有一个统一的定义。总的来说，代表性的定义有三类：

1. 从道德与亲社会行为的角度

自我控制（self-regulation 或 self-control），指对违反社会道德标准的冲动的抑制。这是由克普（Kopp）等人提出的，自我控制是指个体自主调节行为，使其与个人价值和社会期望相匹配的能力。这是目前国内外关于儿童自控领域研究中比较公认的一种定义。克普认为,自我控制是个体自我意识发展到一定程度所具有的功能,其包括抑制冲动行为、抵制诱惑、延迟满足、制定和完成行为计划、采取适应于社会情景的行为方式五个方面。就这一定义来说,与自我控制相反的特征就是攻击性(aggression)。

2. 从气质的角度

从气质的角度来定义自我控制是由洛斯巴特等人提出的,他们认为自我控制就是努力控制(effortful control),指克制一个优势反应而执行一个劣势反应的能力。

3. 从心理分析的角度

布洛克(Block)等人认为,自我控制由自我控制(ego-control)和自我弹性(ego-resilience)两个维度构成。控制指个体认知、情绪冲动、行为和动机表达的阈限;弹性指个体能动的调节自我控制的水平,以适应环境的限制与可能性,或为了取得动力并达成长期目标的能力。

综上所述,我们可以从以下几个方面对自我控制的定义进行理解:

(1)自我控制是个体随着自我意识的发展而具有的一种能力,这种能力通过一系列外在的行为得以展现;

(2)自我控制行为是个体有意识的、指向自我的;

(3)自我控制过程涉及主观意志努力、抑制内心冲突以及制定并执行计划的过程,其目的是使行为符合某种标准或为了寻求更长远的目标。

(二)自我控制的理论基础

1. 精神分析学派的观点

弗洛伊德(1923)将良心和规则的内化作为儿童自我控制获得的重要机制,并且强调个体的自我控制就是对其本能情绪冲动的控制,因此,弗洛伊德更多使用"ego-control"一词强调自我的控制功能。与早期的良心理论一脉相承,精神分析取向的心理学家着重强调情绪在道德发展中的作用。卡根(Kagan)指出,避免不愉快感、获得愉快感是个体获得道德内容的主要动机,并且指出这些不愉快情感主要是指焦虑、移情、责任、内疚、疲乏、厌烦、困惑以及不确定感。

2. 行为主义学派的观点

行为主义学派对自我控制心理机制的研究,是根据斯金纳操作性条件反射的原理进行的。斯金纳认为儿童的自我控制就是儿童改变一些变量,使得发生这些变化的可能性降低的过程。这一观点成为班杜拉等分析个体自我调节机制的理论基础。班杜拉强调自我调节并非仅仅通过意志控制来实现,它的进行要借助一系列子功能的发挥,这些子功能包括自我观察、判断过程和自我反应三个阶段。个体对经自我观察所得到的信息依据所选择的标准和所采取的比较方式进行价值评价。根据不同标准进行的判断,会导致个体不同的自我评价和自我反应,而自我激励或者评价性的自我奖赏和惩罚又可以为自我控制行为提供动机性的来源。

3. 人本主义学派的观点

自我控制是个人成长和自我潜能实现的一种表现,是"有机体有一个基本的倾向和驱力:实现自己、维持自己、提高自己,正因为如此,每个人都想有控制力"。人本主义心理学认为,自我控制是个人成长和自我潜能实现的一种表现。马斯洛人本主义的控制就是行使自由意志,追求自我实现。罗杰斯创立人本主义的来访者中心的治疗,认为人们天性是善的好的,心理治疗的作用是将外在的、他人指导的控制转向自我控制、个人自律和自我负责。治疗的目标是要揭示这种本性,使人们从那些正面的、应该的、取悦他人的思想和行为中解脱出来,转向自我指导使其变得更加自律和日益自信。最终,人本主义强调的是个人的行为决定于他自己,决定于他自己的需求和自由意志。个人应成为自己生活权利和责任的主宰。

4. 认知发展学派的观点

认知心理学则把个体对社会、对自我的认知看成是进行自我调节的基础,并且非常重视认知在控制自己情绪中的作用。皮亚杰将儿童的道德发展看作是从他律道德向自律道德转化的过程,儿童道德水平的提高是以儿童认知能力的发展为基础的。这种转化的过程就是儿童形成自我控制的过程。与皮亚杰的观点相一致,柯尔伯格从社会性互动的角度强调儿童道德判断的建构性,他认为儿童道德的形成和道德行为主要不是由恐惧、羞愧或内疚的情感所调节的,儿童会积极主动地介入他们与成人、同伴的社会关系中,通过其社会性经验形成特定的思维方式,尤其是通过采择他人的观点,儿童能够作出判断,这种判断以同情、移情、尊重、爱和依恋这类情感为基础,他们能够奉行这种道德判断,这在儿童的道德发展过程中发挥着关键性的作用。由此,他提出了道德发展阶段理论。作为社会学习理论的代表人物,班杜拉十分强调认知等内部因素对行为控制的影响。自我效能是班杜拉最早于1977年提出的一个概念。他研究认为,效能信念影响人的思维、情感、行动并产生自我激励。这种信念调节人们选择干什么,在所选择的事情上付出多大的努力,在面对困难和挫折时,能经受多大的压力。所以如果要提高自我控制能力或水平的话,提高自我效能是一个关键。

二、自我控制的评估

早期儿童自控的最典型的表现是对母亲指示的服从(compliance)和延迟满足(delay of gratification)。对早期自控的研究,研究者通常都是根据这两个方面,设计一些典型的实验情境,对儿童这两方面的表现进行评价,借以测定儿童的自控水平。在不同的研究中,各研究者所采用的具体情境设计也不尽相同,难度也有差别。就服从而言,鲍尔等(Power 和 Chapieski)采用不碰家中易碎或危险的物品为指标;梅茨(Mates)等人设计了整理程序(clean up procedure)来测量儿童的服从行为。即在实验情境中,给儿童许多符合其年龄特征的玩具让他玩,一段时间后,让其母亲指示他将散放在地板上的玩具收拾到一个篮子中,对儿童这时的反应进行录像分析。冯冈和克普(Vaughn 和 Kopp,1983)采用整理程序对 18—30 个月的儿童进行分析后发现,儿童对于母亲指示的反应可分为三类——服从、反抗和逃避。随着年龄的增长,儿童服从和反抗的反应都在增长,但只有服从的增长达到了统计学上的显著水平,并且,只是在 18 个月和 30 个月之间的差异显著。

延迟满足的研究,可分为两种范式:自我延迟满足研究范式与外界要求的延迟满足范式。

(一) 自我延迟满足研究范式

20 世纪 70 年代米歇尔(Mischel)提出的延迟满足含义是,一种甘愿为更有价值的长远目标放弃即时满足的抉择取向,以及在等待中表现的自我控制能力。自我延迟满足 SID(self-imposed delay)范式实验程序为:试验者先与被试在实验室中做一些热身游戏,然后给被试者出示两种喜好程度不同或同种数量不等的奖励物,让被试者做出偏好选择(即延迟选择阶段)随后告诉被试者,他要出去办事,如果被试者能等到他回来就将获得他所偏爱的奖赏;如果不想等待,可随时按铃请试验者回来,但只能得到偏爱程度低的奖赏。确信被试者理解规则后,离开房间并通过单向玻璃观察,同时记录儿童延迟时间和延迟等待策略(延迟维持阶段)。这一范式能够说明控制冲动时维持意志力的各种技能类型和自我调节策略。

(二) 外界要求的延迟满足研究范式

在 20 世纪 80 年代初,有研究者对米歇尔(Mischel)的范式提出质疑,认为 SID 范式不符合儿童的现实生活情境。卡里诺和米勒(Karniol 和 Miller,1982)指出,在现实情境中儿童极少会面临这样的选择情境,即一个小的立即就可以获得的满足与一个较大的但需要忍耐一段时间的奖赏。更多时候,是因为父母的要求而延迟满足。因此,卡里诺等人(Karniol 和 Miller)提出了延迟满足的 EID(externally imposed delayed reward)范式,即儿童因外界的要求而延迟满足。这种研究范式很快就得到了大多发展心理学研究者的认可。冯冈等人在一项研究中,采用了三个延迟满足任务。这三个任务都是采用的 EID 范式。第一个为电话任务(telephone task),要求孩子不去碰他们伸手就能拿到的一个有趣的玩具电话,等到下一个游戏时再玩;第二个称为葡萄干—杯子任务(raisin-cup task),将孩子喜欢吃的葡萄干(或其他孩子喜欢吃的食物)放在一个杯子下面,要求孩子在实验者允许之前不去碰那个杯子;第三个任务称为礼物任务(gift task),要求孩子在实验者完成一项工作之前不要打开装着礼物的包裹。在这三项任务中,以孩子所能坚持的时间长短来记分。克查斯卡和穆雷(Kochanska 和 Murray)等人所做的一个研究中采用了类似的实验任务,但记分方法更为细致。如有一项任务称为在包裹中的礼物(gift-in-bag),与礼物任务基本相同,克查斯卡(Kochanska)等人采用了两种记分方法,一是根据儿童的动作反应程度,即将礼物从包中取出记为 1 分,将打开包裹记为 3 分,将始终不碰包裹记为 5 分。另一种记分方法与冯冈等人的方法一致,但这种记分仅用以参考。在这两个研究中,虽然记分方法有所不同,但都发现了延迟满足随着年龄的增长而显著增长的趋势。

综合以上的研究,我们可以发现,早期自控能力的发展与年龄有很大的相关。许多研究也发现年龄是早期自控能力最显著的预测因素。随着年龄的增长,儿童对自己行为的控制力,根据外界要求调节自己行为的能力都显著地在提高,尤其是在 3 岁之前。

三、0—3 岁儿童自我控制的发展

人类个体绝非一出世就具备了控制自己的能力。儿童是在生理不断成熟的条件下,在成人的指导教育下,通过与外界环境的不断交往,发展各种心理能力,并逐渐克服其冲动性,学会控制自己的活动的。儿童自我控制能力的获得是通过一步一步的学习过程完成的。不同年龄的儿童表现出不同的控制水平。随着儿童的成熟,儿童的自我控制发展有一个外部控制到内部自我控制的转化过程。

(一) 霍夫曼的自我控制发展水平理论

霍夫曼(Hoffman)是最早对儿童自我控制进行研究的学者之一,他依据自我控制水平将儿童的行为分为四个阶段:前道德、依附、认同和内化。第一个阶段是前道德阶段,最初婴儿不具有是非观念,只能由成人来控制他们的行为;第二个阶段是依附阶段,儿童仅仅为获得奖赏或逃避惩罚而遵循规则或习俗。此时,儿童只能在成人直接监督下才能根据要求完成任务。第三个阶段是认同阶段。该阶段儿童遵循一定的行为规则并非是由于认识到了规则的社会价值,而是为了与特定的人确立或保持一种令人满意的关系。儿童通过效仿自己崇拜的人的行为以获得奖励与赞赏。第四个阶段是内化阶段。儿童获得了内在伦理准则(或者良心)。当行为源于自己内在的道德准则,在行为决断时不仅考虑行为对自己产生的影响,同时也考虑行为对别人产生的影响时,说明儿童开始能够独立于成人而表现出合理的行为举动,也意味着社会道德准则的真正内化和自我控制能力的形成。

(二) 社会历史文化学派的理论

以维果斯基(Vygotsky)和鲁利亚(Luria)为代表的社会历史文化学派,通过思维和语言的研究发现:语言与儿童自控能力的发展有密切的关系,儿童的自我控制能力最初来源于社会互动。他们发现成人或更成熟的同伴与儿童在最近发展区里合作完成任务的过程中,彼此所进行的社会性对话,能帮助儿童发展自我导向的语言,而这就是自我调节控制的起源。一旦儿童把成人的标准整合到自己的语言中去,并用于指导行为,就标志着儿童已具有真正的自控能力。由此,可以根据用语言控制行为能力的发展,把社会自我控制能力的发展分为三个阶段:

第一阶段,父母言语控制。婴儿最初以先天的神经系统为基础,对环境刺激作出反应,成人通过运用信号(尤其是语言线索)来控制环境中的即时刺激,进而调节婴儿的行为。到了学步儿阶段，婴儿开始能够借助外部信号调节行为反应，并开始运用信号去影响他周围的人。但是，学步儿掌握的只是信号和刺激之间的外在的和具体的联系，自我言语并不奏效，只有成人的外部言语能够控制儿童的行为，而且成人言语对儿童的行为控制只具有启动功能，而不具备抑制功能。

第二阶段，外部言语控制。幼儿能够积极地组织刺激并调节自己的行为，以达到期望的反应。在这个阶段，成人言语既具有控制行为启动的功能，同时也具有控制行为抑制的功能；儿童自己的言语只具有启动行为的功能，而用言语抑制行为的功能还不完善。说明这一阶段言语的语义内容开始发生作用，言语的控制点开始从第一信号系统转向第二信号系统，言语作为社会共享的意义信号，变成最有用的工具。

第三阶段，内部言语控制。儿童外部言语渐渐隐退，内部言语充当自我指导的功能，从而实现由外部言语调节向内部言语调节的转变。这个阶段，刺激、信号和行为之间的外在关系彻底内化，儿童已经能够以语言为工具对认知和行为活动进行计划、指导。因此，可以在没有外部信号帮助下，灵活地对自己的行为进行控制，这标志着儿童自我控制能力的形成。

（三）克普的理论

20世纪80年代初，克普聚焦婴儿早期到学龄早期这段时期，对儿童自我控制和自我调节的发生过程予以了多角度的发展的分析，按照其理论，儿童自我控制和自我调节的早期发生经历有以下时期：

第一时期为神经生理调节期（0—3个月）。在这一时期，儿童的生理机制保护着儿童免受过强过多刺激的伤害，如由于此时中枢神经系统尚没有发育成熟，很多刺激便得不到加工。此外，婴儿还用其他一些方式来保护自己免受过多刺激，如通过自我吮吸来减少自身的唤起水平。面对刺激，婴儿在自我安慰或被安慰的能力上存在很大的个体差异，但是这种个体差异的长远意义尚不明确。在这一阶段，多数的唤起主要由婴儿个体成熟力量来解决，但是状态之控制也很得力于照看者的护理工作。日常的护理为儿童对睡眠和觉醒的内部控制提供了外部支持。

第二时期为知觉运动调节阶段（3—9/12个月）。在这一阶段，儿童能够自发做出动作（如伸手去抓物或人）以及改变调节自己的行为——作为对环境事件的反应。调节自己的行为动作时，儿童没有自觉、先定意图，也不明了情景的意义，往往是与当前的交往（成人）或其他的刺激相联："8个月时，婴儿只是简单地注意母亲的活动，这样，源于人和物这种快乐、兴趣和欲望而非经认知活动的意图、意义结果激发了婴幼儿的行为。"儿童的行为反映出脾气和活动水平等气质倾向的个别差异。这一时期，照看者的敏感性对于儿童尤其是兴趣缺乏或活跃性太低的儿童来讲是很重要的。照看者的敏感性不足，将导致儿童行为的不协调或在某种情景中的反应不当。那些敏于反应的照看者则积极地与儿童进行互动、保持密切接触，并鼓励儿童与环境发生相互作用（如摆弄玩具）。这样，儿童就逐渐能够将自己的活动与对象、自我与他人的行为相互区分开来，这是儿童自我发生的重要标志，此时，儿童的控制潜能便出现了。

第三时期是(外部)控制期(9/12—18/24 个月)。这一时期由于认知和运动能力的迅速发展,使得儿童愈发能将自我和他人以及将自我和物体区别开来,儿童对身体机能的认识也不断加深,行为中的有意性成分开始增多,行为具有了目标导向性。在此基础上,儿童开始能够服从照看者的命令、要求,并自发地抑制自己先前被禁止的行为。这种能明确意识到照料者的希望和期望,并且能自愿地遵守简单的要求和命令的顺从(compliance)行为是儿童最初自我控制行为的萌芽(Kaler & Kopp, 1990)。然而,儿童的控制力还受其认知,尤其是记忆力的局限,对某一情景中某种行为比其他行为更适宜的理由知之甚少,还不能充发认识到自我与自我产生的行为控制间的联系(这要直到父母的禁律和认可能够在心中表征出来),所以,控制力还是很脆弱的,需要照看者的外部支持。正因为此,照看者在儿童自控早期发展中的地位开始变得相当重要——他要指导和鼓励儿童朝着正确的方向发展。

第四时期为自我控制出现和朝向自我调节的发展(24 个月以后)。自我控制出现在儿童能够服从、适应要求而延迟行为以及在没有外部监督下,按照照看者的社会期待行事之时,它是控制的较高级的形式,得力于表象思维和唤起记忆的出现。表象思维和唤起记忆相互连带,都约出现于 18 个月时,使得儿童可以运用符号来代表事物,物体不在眼前也能忆起它们的形象,并且使儿童获得了自我统一性。这些能力和技能的获得,使得儿童能够把自己的行为与照看者的要求相联系起来,于是,自我作为一个独立的控制者出现了。即使在没有外界监督的情况下,儿童也能够按照看者的意愿,做出或抑制自己的某种行为。自我控制表明儿童拥有了内部的监控系统。显示出自我控制的儿童已懂得在吃饭、穿衣、游戏等行为上的一整套常规,对于成人的期待也有了相当的了解。然而,自我控制与后来的自我调节相比,在适应环境上欠缺灵活性,由于认知的局限,儿童难以多角度地看待问题情景,也便缺少灵活多样的策略来组织自己的行为(如在延迟情景中)。这样,随着儿童认知等能力的进一步发展,约在 36 个月时,自我控制转化为自我调节。克普指出,两者只是程度上差异,而非类或质的不同,与自我控制相比,自我调节在对变化的适应方面具有更大的灵活性和自觉性,它是控制的更为成熟的形式,意味着对反省思维和策略的运用。

我国学者陈会昌等人(2002)也用实验法探讨了 2 岁幼儿在延迟满足情境中自我控制的发展状况,他认为 2 岁幼儿已具备一定程度的自控能力,并能够通过使用分心、寻求安慰、回避刺激等延迟满足策略来提高自我控制的能力。

四、0—3 岁儿童自我控制教育的主要任务

(一)指导儿童形成有效维持注意的认知策略

洛斯巴特及其同事,经过一系列的研究认为,一岁末时开始出现的集中注意的能力(focused attention)是努力控制的基础。克普等人的研究也发现,12—30 个月间的注意水平可以对 24 个月

的自控能力作出推断。克查斯卡和穆雷(Kochanska 和 Murray)等人的研究发现,9 个月的婴儿集中注意的能力与 12 个月时的努力控制水平之间的相关达到了极其显著的水平,但与 33 个月时的自控能力之间的相关则不然。注意是自控机能的一个重要的早期表现。因此,注意的高低可在一定时期内对自控的水平做出预测。但是,在两岁以后,儿童的认知机能逐渐成熟、经验日益丰富,也开始对自控能力发生重要影响。因此,注意就不能对自控做出正确的预测了。不过,沃尔特和米苏尔(Walter、Mischel)的研究发现,在 3 岁以后,虽然注意已不能对自控做出有效的预测,但是,注意能力的高低,仍能通过对自控策略(strategies of self-control)发生重要影响,而在很大程度上影响到具体项目上的自控水平。如在延迟满足任务中,如果教儿童一些分散注意的技巧,如叫儿童闭上眼睛、唱歌、游戏等,使其注意力不集中于奖品上,儿童的自控成绩就会大幅提高。否则,缺乏自控力的幼儿不能等待一段时间以得到更想得到的东西。

(二) 指导儿童学会使用"自我言语"

语言与自控的关系非常密切。维果茨基很早就指出,在儿童能把成人所提出的标准整合到他们自己的语言中,并用它来指导自我的行动之前,儿童就不会有真正的自控。鲁里亚和维果茨基等人提出了儿童以语言控制行为能力发展的三个阶段:(1)婴幼儿:父母言语控制;(2)幼儿后期和小学低年级:出声外部言语控制;(3)小学中高年级以后:内部言语控制。

如在一项实验中,幼儿从事一段枯燥乏味的抄写任务后可以得到一样可爱的玩具,工作时会有"小丑"玩具来打扰他们。实验者事先告诉幼儿不能看小丑先生。实验者教一组幼儿在工作时不断提醒自己"我要工作,我不要看小丑先生"。另一组幼儿未授予此法,结果前一组幼儿完成任务的情况远比后一组幼儿好,这说明"自我言语"能提高自我控制水平。教育者可以采用类似的方法指导幼儿学会使用"自我言语",促进其自我控制的发展。

(三) 指导父母运用有效的教养方式

相关研究表明,适应性的、敏感的抚养方式与儿童较高的自控水平相关。克查斯卡和穆雷等人以父母的反应性为预测因素,发现早期富于反应性的抚养方式和儿童后来较高的自控能力存在着积极相关。并且,婴儿在 22 个月时父母的反应性与 33 个月时的自控水平之间的相关达到了显著水平。但是,反应性的抚养方式是一个复杂的结构,它包括敏感性、接受性、合作、情感支持(emotional availability)、理解儿童的意图、随机应变等。父母在育儿过程中能够给予孩子积极的回应,理解孩子的意图,提供更多的支持将有助于孩子自我控制能力的发展。

帕提特和贝茨(Pattit 和 Bates,1989)对家庭亲子互动关系状况与儿童问题行为的长达数年(6 个月—4 岁)的追踪研究表明,父母与子女保持亲密、友好、教育和学习的互动关系,有利于儿童自我控制的发展和良好的社会化,儿童的问题行为最少;而父母以压制态度对待子女将使儿童产生较大的问题行为和较差的自我控制能力;若父母与子女间缺乏互动,彼此冷漠,则儿童的问题行为最多。鲍威尔等人（Power Chapieski）对 13 个月左右幼儿的自控水平及其与母亲体罚的抚养方式之间的关系进行了研究，发现使用体罚的母亲，其孩子表现出了最低水平的服从，即最有可能违反母亲的指令而去碰危险或易碎的物品。其他研究者对年龄更大一些的儿童进行的相关研究也表明，体罚在鼓励儿童自我控制的内化方面，是一种无效的方法。总之，诉诸权力的方法在短时间里能获得顺从的效果，但是基于爱和说服的教育方法在帮助孩子建立自觉自愿地服从压力上更有效，也能增加孩子在没有父母管束的情境下履行父母要求的可能性。有人通过对在实验室和家庭两个不同环境中，2 岁幼儿与母亲的交往互动的行为特点进行研究发现，母亲弱权力控制方法（间接命令、说理、协商）与孩子顺从和自作主张的行为有关，母亲强权力控制方法（直接命令、批评、否定性控制）与孩子反抗行为有关，而带有指导性的控制则能引发孩子更多的顺从行为，较少地引发其违抗行为（Crockenberg & Litman，1990）。

因此，相比专制型、溺爱型和忽视型的家长，权威型家长能提供关爱的、支持性的家庭环境，能向孩子解释有些行为可以接受，有些行为则不能接受，对儿童的行为提出合理期望，有利于儿童自我控制能力的发展。

（四）提供适当的榜样，让儿童观察到自我控制的行为，进而模仿

幼儿年龄较小，他们的思维与认知方式是直观的，因此他们对周围人物言行的有意识或无意识的模仿变成了他们很重要的学习方式。榜样同样是提高儿童自我控制能力的重要因素之一。首先，家长具有榜样作用。父母是孩子的一面镜子，是孩子最好的榜样，儿童通过观察父母的一言一行而进行模仿，通过观察父母对自己的自控行为来为自己所用。其次，同伴具有榜样作用。同伴是幼儿生活中的一个主要社会成分，同伴之间年龄相仿，想法相像，思维方式相近，同伴行为容易让幼儿理解、接受和模仿。因此，同伴的一些自控行为也是儿童所模仿的对象。当儿童不能对自己的行为进行控制时，这时成人说出另一个自控能力强的同伴时，儿童会通过模仿来控制自己的行为，以此来强化儿童的自控能力。

专栏　　自我控制能力对未来行为的预测

自我控制是自我意识的重要组成部分，自我控制是人类个体从幼稚、依赖走向成熟、独立的标志。自我控制能力的发展对于人形成良好的个性极为重要，是儿童社会化过程中的一个重要方面，它直接影响儿童在学习、生活、社会交往和人格品质方面的发展，也是儿童自我发展和自我实现的基本前提和根本保证。自我控制能力不仅在早期儿童心理发展中具有十分重要的地位，而且自控能力缺失还会对个体今后的发展产生十分重要的影响。

自控能力的发展与儿童适应学校生活有密切的关系。美国有一项针对中产阶级家庭背景的幼儿的纵向研究发现,幼儿期自我控制能力发展与小学低年级时的学习成绩和社会交往能力有密切的关系,具体表现为:早期自控能力好的孩子更容易形成或保持友谊;在学习生活上更能保持很强的自愿控制,也更喜欢上学;老师对他们的坚持性和抵制分心能力的打分也较高(Ladd,Birch,& Buhs,1999;Normandeau & Guay,1998)。Normandeau 和 Guay(1998)用结构方程建模分析了幼儿行为与一年级学业成绩之间的关系发现,学前期与自我控制有关的攻击性、退缩—焦虑等行为与认知的自我控制有关,与一年级末的学业成绩也呈正相关。Counroyer & Turde(1991)的研究发现,自我调节的延迟满足明显的个体差异在儿童 4 岁时出现,并可预知他们儿童期、青春期、大学时期的认知和社交能力。Funder,Block(1983)的纵向研究采用礼物延迟满足任务发现,4岁儿童的高延迟满足与注意力集中、讲道理、聪明、机智应变、能力强、合作性有关,而低延迟满足的儿童趋于攻击、好动、不能应对压力、易于感情用事、爱枢气等。Olsno(1989)的纵向研究也采用礼物延迟满足任务,其发现,4—5岁儿童的延迟满足表现与同伴交往的人际社会适应问题有关,延迟满足表现越好,同伴交往的负提名越少,人际交往的社会适应越好。Mishcel 等人对自我延迟满足的远期影响所作的长期跟踪研究发现,4—5岁时能够做到自我延迟满足的儿童,在十余年后,父母对其在学业成绩、社会能力、应对挫折和压力等方面也有较好的评价;而且他们在申请大学时的学习能力倾向测验(SAT)分数也较高。在 20 年后他们自我评定的自尊、自我价值感与应对压力的分数和他们父母评定的自我价值和应对压力的分数也高,这些个体他们在 25—30 岁时受教育的水平也较高,对可卡因药物的使用也少。Langenfeld 等人的研究发现,延迟控制能力与语文、数学和其他学校行为有强相关,即便是控制了被试的社会经济地位(SES),这种相关仍然非常显著(Langenfeld,Milner,1997)。这些研究表明,自我控制能力是儿童的一项重要技能,自控失败不仅会导致儿童早期许多问题行为(Ronnem,1997),而且也是诱发一些诸如吸毒、酗酒、暴力、青少年怀孕等社会问题的根源。

　　Gottfredson 和 Hirsichi 于 1990 年提出了著名的一般不良行为理论,将研究者的视线投向了自我控制与不良行为的研究上。该理论认为,一些个体倾向于做出犯罪和不良行为,在一定程度上是由于他们本身的低自我控制能力(low self control,LSC)造成的,也就是说,将低自我控制作为解释犯罪关键的因素。自一般不良行为理论提出以来,该理论已经引起了广泛的关注,已得到了很多实证研究的支持。Bradley 和 Judith 等人认为低自我控制行为包括冲动、偏爱体力活动、寻求风险、自我中心、优先选择简单任务、脾气火爆这 6 个维度。他们在研究中考察了自我控制维度是否是男性犯人进行暴力、财产犯罪和毒品使用的显著预测变量。结果表明,自我控制可以作为有犯罪记录的青少年进行再犯罪和毒品使用行为的多维预测变量。Tangney 和 Baumeister 等人编制了一个新的测量个体在自我控制方面差异的量表,进行更大范围上的自我控制与行为的调查。调查结果显示,在自我控制量表上的高得分与好的适应力(较少的精神机能报告和高的自尊),较少的暴食和酒精滥用,较好的人际关系与人际交流技巧,安全依恋,以及更多适宜的情绪反应有关。Friese M 和 Hofmann W 的研究也表明,与高特质自控被试相比,低特质自控的被试更易将冲动倾向转化为行为。从以上研究中可以看出,低自我控制是人格和人际问题的一个显著的风险因素。

第二章 0—3岁儿童交往行为的发展与教育

■
■■
■■■
■■■

第一节 交往行为概述

一、什么是交往行为

　　交往行为,也称社会性行为,是指人们在交往活动中对他人或某一事件表现出的态度、言语和行为反应。这种行为在交往中产生,并指向交往中的另一方,人们由此实现与他人的相互交往。交往是人与人之间相互作用、相互影响的过程。即使是从一出生就是内向的孩子也会有与他人交往的要求,这是一种本能的需要。几个月的婴儿看到任何人都会情不自禁地去用手抓拽、用嘴撕咬,这是他主动与外界发生联系的手段。在交往过程中,可以使婴幼儿获得思想、感情、语言、基本的行为方式和行为规范这些人类最重要的特征。学习人情世故、了解自己与他人的关系、发展自我意识等等,从而为适应社会、掌握在社会上的生存能力打下基础。新生儿从一个生物个体成为一个社会的人,完成其社会化历程,就离不开社会交往这一途径。

　　谈及交往行为的涵义,就不得不提到哈贝马斯。他是法兰克福学派的重要代表人物之一,是当代欧美哲学和社会理论领域中最富有原创性、体系性的思想家之一。尤其是他在20世纪80年代建构起来的交往行为理论,普遍被认定为能代表哈贝马斯个人学术成就的标志。他的交往行为理论,在对交往异化的批判、实现交往行为合理化及其途径探索等方面作了很多有益的尝试。

　　哈贝马斯认为人的行为涉及两大范畴,即"工具行为"和"交往行为"。所谓工具行为,是通常所说的劳动,按照技术规则进行的,而技术规则又是以经验知识为基础的。它是工具性的、策略性的,是"手段—目的"性的,涉及的是人与自然的关系。所谓交往关系,是指人与人之间的相互理解和一致。

最初,哈贝马斯把交往行为看作以评议为媒介、以理解为目的的行为。交往行为的目的是达到理解,而达到理解是一个在相互认可的有效性要求的前提基础上导致认同的过程。进而,他把人的行为分为四类:一是旨在实现一种目的的行为,也就是有目的地、因果地介入客观世界的行为,称为工具性行为;二是社会集团成员根据共同价值和规范调节的行为,称为规范调节的行为;三是行为者在一个观众或社会面前表现自己主观性的行为,称为戏剧式行为;四是一种行为者个人之间通过符号协调的互动,以语言为媒介,通过对话,达成人与人之间的相互理解和一致的行为,称为交往行为。

婴幼儿的交往行为也称"早期社会性交往",是指1—3岁的婴幼儿在成人陪伴下与其他成年人及同伴之间运用非语言符号(包括目光、姿势、体态、声调、面部表情及动作)和语言符号相互之间进行信息交流、情感沟通的过程。

二、0—3岁儿童交往行为的发展及主要特征

研究表明,0—3岁是人生发展的重要时期,也是交往发生发展时期,特别是当幼儿学会了行走,活动范围日渐扩大后,他们的社会交往需要也就日益提高。所谓幼儿发展的"第一个危机期"也就是指1—3岁,特别是2—3岁这一阶段。"第一个危机期",也称为"第一反抗期"。在这一时期内,幼儿有了最初的自我意识并产生"独立性的需求",其行为和情绪都变得更复杂了。当然,由于受年龄、动作发展、语言表达、活动范围等因素的影响,婴幼儿早期社会性交往仍然由其特定的发展特点和阶段所决定。

(一)0—3岁儿童社会交往的阶段

0—3岁的儿童社会交往的发展经历了三个阶段:单纯的社会反应阶段、建立与抚养者依恋关系的阶段和发展伙伴关系的阶段。

第一阶段(0—6个月):单纯的社会反应阶段

在这一阶段里,婴儿通过哭、笑,肢体动作和一些表情对外界做出反应,这种交往技巧主要是先天遗传。两周的新生儿就能区别出母亲和别人的心跳不同;3个月左右的婴儿就能发出声音、特殊的婴儿式的"迷人的微笑",从而激发他人的好感。

此外,婴儿之间的交往也是很早就建立了,只是看似具有很强的生物保护本能。如,一个两个月以内的婴儿哭,另一个或者另一些婴儿也会一齐哭,这是一种声援、同情,或者叫响应。5—6个月以后,一个婴儿哭,另一个婴儿会注视甚至抚慰他。

第二阶段(7—24个月):建立与抚养者依恋关系的阶段

6个月的婴儿会认生了,此时他(她)能明显地区分出熟悉与不熟悉的人。婴儿在和母亲相处

时很愉快,还会用哭闹来迫使母亲等被依恋对象回到自己身边。同时,婴儿的爬行能力也使得他们有了主动与人交往的能力,2岁的婴幼儿已经愿意到邻居家里,并且愿意亲近陌生人,不再像6个月时对陌生人充满了恐惧。

第三阶段(24—36个月):发展伙伴关系的阶段

两岁的婴儿身体动作能力逐渐增强,他们能够自由地走或跑,大大扩展了活动空间,并且开始有了自我表现的欲望。他(她)越来越喜欢和小伙伴一起玩,与母亲分离的痛苦也减轻了。此时的幼儿主要用身体动作或行为作为交往的手段,表达自己愿意和同伴游戏的愿望等。这一阶段幼儿间也会产生最初的友谊。

(二) 0—3岁儿童社会交往的特点

1岁左右的孩子,开始理解成人的情感和意志,初步有朋友关系的意识,不仅有了交往的需要,而且产生了交往的行动。2—3岁孩子开始主动接触同龄人,但由于"自我中心"强烈,仍喜欢独自玩耍。综合来看,婴幼儿社会交往的特点主要有以下几点:

1. 模仿成人

父母与他人交往的行为,是婴幼儿最初的模仿对象,为婴幼儿提供榜样和经验。婴幼儿通过模仿父母,理解和探索周遭的人和事。在模仿带养人态度、行为的过程中,婴幼儿逐渐意识到自己的行为和别人的不同,从而开始寻找"自我"。因此,这一时期婴幼儿的交往行为,带有很强的模仿性。

2. 借助动作

这一阶段的婴幼儿掌握的词汇不是很多,不能用完整语句表达自己的意愿和要求,因此往往借助动作补充语言表达的不足,在交往中一般会利用自己的嘴、手、脚、身体的移动,伴以语言或词句来表达自己的需要。

3. 自我中心

1岁半—3岁左右的婴幼儿出于自我中心化阶段,以自己的需要作为唯一衡量事物的标准。婴幼儿在1岁至1岁半时,开始获得意识和自我意识的机能,到2岁至3岁时,能够正确地使用第一人称代词"我"称谓自己,也从而学会准确地称呼其他人称代词,这是自我意识形成和质变的重要时期。幼儿经常说"我自己来",已透露出他们的独立性增强。

4. 易受影响

这一时期的婴幼儿的社会交往极易受成人的影响。1—3岁婴幼儿出于口语尚不完备的前语言阶段,还不具备足够的逻辑思维能力来接受父母的言语教育,而是较多通过成人的感情、声调、姿态和表情辨别是非。因此,他们的交往容易受到父母态度的影响。此外,婴幼儿容易对新奇事物感兴趣,如玩具对婴幼儿而言就具有极大的吸引力。婴幼儿同伴间的交往常从被同伴的玩具吸引开始。

三、0—3 岁儿童交往行为发展的意义

在儿童心理发展过程中,儿童所接触的各方面的人对儿童的影响至关重要。儿童只有在与人交往、相互作用的过程中,才能逐步发展起其心理能力和社会性。0—3 岁儿童最经常的、主要的交往行为是发生在父母和同伴之间的。尽管 3 岁儿童的交往能力并不能完全预测他长大后的社交能力,然而婴幼儿交往行为的发展仍对幼儿的成长具有非常重要的意义,主要表现在以下几方面:

(一) 有助于儿童认知能力的发展

在交往行为中,婴幼儿的认知能力得以发展。父母是幼儿最重要的刺激源,是大量、丰富刺激的给予者和调解者;母亲是幼儿注意、感知的指导者与调控者;母亲也是幼儿操作、思考、探究的影响者和促进者。

幼儿的认知能力也同样从同伴交往中获益。幼儿同伴社会性游戏,是满足探索内驱力、发展操作、解决问题能力的一条重要途径。即使是 1—2 岁的幼儿,也会很关注周围其他孩子的活动。幼儿会相互模仿同伴的行为,或把同伴的行为作为另一不同行为的基础,从而扩展自己对事物的认识,发展自己认知操作、解决问题的能力。这些将有助于他们建立起一种认知结构,为将来的学习打下良好的基础。

(二) 有助于儿童语言能力的发展

幼儿的交往行为有助于幼儿语言能力的发展,其中,与父母的交往对幼儿语言发展的作用尤为显著。幼儿与父母,尤其是与母亲在一起,交流、表达的机会最多,而语言是必不可少的人际交流工具,因此,母子间语言交往最多、最丰富,它最有力地指导和促进着幼儿语言的发展。

父母为幼儿提供最多的语音刺激,给以丰富的表达内容,提供最多的交流机会,引发了幼儿的表达愿望,教给他们陈述、请求、提问、赞同、否定、怀疑、对话等方式,给幼儿以最丰富的语言反馈。许多研究表明,父母经常通过对物体、活动、行为、事件的评论来影响幼儿的语言发展。

(三) 有助于社会认知的发展

社会认知是包括感知、判断、推测和评价在内的社会心理活动。它存在和发生在人与人的相互影响和相互作用之中,指向人的内隐心理过程和外显行为活动两个方面。幼儿社会认知的发展主要表现在社会知觉能力和社会判断能力的发展上。社会知觉是对人的知觉或人际知觉,是社会认知的第一步。在婴儿期客体永久性知识的基础上,随着社会活动范围的扩大,幼儿的社会认知结构不断完善,人际交往中社会性知识、技能逐渐丰富,获得了广泛的社会印象。在社会知

觉和社会印象的基础上,掌握了一些初步的社会评估标准,进行初步的社会判断。

幼儿在同伴交往中的地位及其早期友谊的建立影响幼儿自我概念的形成。在3岁左右,幼儿便产生对自我的初步评价,尽管这种自我评价的能力还比较差。良好的交往能力将有助于幼儿认识人与人之间、人与社会之间的正常关系,有助于幼儿在自主性的交往中形成积极的自我概念,为其身心发展打下基础。

(四) 有助于情绪情感的发展

幼儿的交往行为有助于幼儿情绪情感的发展。母亲对婴儿情绪情感的丰富和积极、健康的发展也起着重大影响。是母亲为幼儿提供了最多的日常照料和抚育,给予了最多的积极情感刺激,提供最丰富的情感反应,做出最丰富的情感表达与表情。

此外,有研究表明,幼儿在同伴交往中表现出更多的、明显的积极情感模式,如,具有更多的微笑、愉快地发声、高兴地拍手、友好地抚摸、关切地注意等。幼儿在同伴交往中情绪更积极、愉悦。同时,幼儿也可以在与同伴游戏中宣泄和调节不良的情绪,平衡自我的心理状态。幼儿在具有愉快、积极特征的交往中,得到分享与合作的欢乐,并产生对其他人情感的注意、理解与同情。

(五) 有助于社会技能的发展

社会交往技能具体包括:理解与交流的能力、向他人学习的能力、合作的能力等。研究表明,幼儿早期同伴交往有助于促进婴幼儿社交技能及策略的获得。幼儿在与同伴的交往过程中,逐步学习社交技能,调整自己的社交行为,逐步发展、丰富社交策略。许多研究发现,幼儿同伴交往有助于促使幼儿做出更多的积极、友好的社会行为,而降低、减少其消极、不友好行为。

亲子交往也是幼儿社会性行为和社会交往发展的重要基础。诸多研究表明,在亲子交往中,母亲对幼儿行为和交往的要求最多、提供最多的言语教导和具体示范,也提供最多的反馈、评价,为幼儿创造更多的练习、实践机会,并在具体实践中给其以更多的具体帮助、鼓励、纠正和指导。

第二节　亲 子 交 往

亲子交往是指儿童与其主要抚养人之间进行的,伴随情感关系的交往过程。由于这种交往主要是孩子与父母之间进行的,因此人们也常常把它称为亲子关系。它是儿童早期生活中最主要的社会关系,是婴儿期的主导活动。在亲子关系中,父母相对儿童来讲,处在亲子关系的主动地位,父母的想法、观念和行为对孩子产生极大影响,是学前儿童安全感的建立和将来人际交往、社会适应能力发展的基础。

一、新生儿的偏好

刚出生的婴儿能感觉到什么？他们还不会说话，不能说出自己的经历和喜欢的事情。研究者必须通过观察婴儿的行为来推断他们所知觉的世界是什么样子。好在研究者可以通过婴儿对各种变化的刺激的反应来观察，例如，吃奶、转头、面部表情和活动反应。研究技术的改进也已经允许人们利用一些生理测量来观察，如测量呼吸和心率的变化，继而研究发现，新生儿是具有在感官上的偏好的。

新生儿偏好的研究结果提供了这样的启示，从新生儿的感知觉偏好中不难发现，新生儿对于人脸、人声、妈妈的味道等都有着偏好，这种天赋是新生儿交往的基础。

（一）视觉偏好

说起新生儿的视觉偏好时不得不提到一个人，他就是 20 世纪 60 年代一位非常有创造性的生理学家范茨。他打破了医学上的普遍观点，即婴儿刚生下来时既盲又聋，而且要过很多周以后才能注视物体。在 1961 年，他首创婴儿"视觉偏爱"这一新方法后，对于婴儿视觉领域的研究成果就不断涌现，人们惊奇地发现婴儿比我们原来想象的要"能干得多"。

范茨首先发现新生儿喜欢轮廓鲜明和深浅颜色对比拟烈的图形，可能是这种图形对视网眼刺激更大的缘故。因此，黑白格相间的棋盘比一块单纯白布更能吸引新生儿的注意力。他又发现新生儿天生具有认识图形并表示自己喜好的能力。在给新生儿同时看两张不同图像时，他会看其中一张的时间长，注视的次数也更频繁，这就说明他更喜爱这张图。根据这种推理，范茨又耐心研究了数百个新生儿，从而证明新生儿对带有环形和条纹的图形的喜爱超过不着色的图形，对复杂的、有丰富内容的图形的喜欢胜过对单调的、只有简单的内容的图形，甚至还证明了新生儿爱看曲线图形、其兴趣大于看直线图形。

此外，更有趣的研究发现是新生儿喜欢看人脸。当人脸移动时，新生儿的目光会追随，还会模仿人的表情。在给新生儿看一张有规则的脸谱和一张将鼻子、眼、口等脸上的成分搬了家的歪曲脸谱时，新生儿喜欢看规则的脸谱。

图 2-1　新生儿喜欢规则的脸谱，不喜欢乱涂的脸谱

（二）听觉偏好

婴儿出生后是否就有听觉？或者更准确地说，人类在何时开始形成听觉？对于这个问题，一直存在着激烈而又复杂的争论，可谓众说纷纭，直到最近才开始有了渐趋统一的认识。

传统的观点认为：儿童出生时没有听觉。这种观点起源于儿童心理学的鼻祖——普莱尔。他在人类第一本儿童心理学专著（1882）中断言："一切婴儿刚生下来时都是耳聋的。"然而近年来，大量的生理心理学研究发现，胎儿听觉感受器在 6 个月时就已基本发育成熟，胎儿在出生前 3 个月就可建立听觉。

新生儿喜欢听人声。在他醒的时候、在他耳旁一定距离、在不让他看到你的情况，轻轻地不断地呼叫他。他的眼和头会慢慢转向你，并亲热地看看你，脸上显出高兴的样子，换一侧跟他说话，也会有同样的反应。如果一边是父亲的声音，一边是母亲的声音，多数小婴儿喜欢自己母亲的声音，将头和眼转向母亲一边。新生儿更喜欢听妈妈的声音，这可能是由于胎儿在子宫内听惯了母亲声音的缘故。

新生儿也更喜欢听高调的声音。有一位语言学家研究发现，父母亲们似乎本能地提高音调和新生儿第一次谈话。这种声调几乎是世界性的现象。研究证明，6 个不同国家的母亲不管他们的本国语言是什么，在和新生儿交谈时，都用同样的声调、无意义的音节、短语说话。

（三）味觉偏好

味觉是新生儿出生时最发达的感觉，因为它具有保护生命的价值。帕克（Parker, 1922）进行解剖分析后指出：新生儿和儿童的味蕾分布比成人要广泛得多。因此，他认为婴儿的味觉在出生前已发育得相当好了。胎儿味觉已初步成熟，胎儿最迟从 4 个月开始已能受到足够的味觉刺激，而这有利于味觉的发展。布拉德利、奇尔和金（Bradleyt Cheal8LKZm, 1980）研究表明：新生儿的味觉是相当敏锐的，其口腔及咽喉部的味蕾有着不同的功能，能辨别不同的味道。

20 世纪 50 年代末以前对婴儿味觉的研究只向人们证明了新生儿对甜刺激物反应积极，而对酸、咸、苦刺激物反应不大明显。以后，新近一系列味觉实验进一步证实了上述结论。研究发现相对于水来说，出生 0—4 天的新生儿更加"偏爱"吸收甜的液体，而且随着液体中含糖量的增加。这种"偏食"愈加明显。不仅如此，新生儿对不同种类的糖的反应也不尽相同，他们对果糖、蔗糖更偏爱一些，乳糖、葡萄糖则不大受欢迎。此外，有趣的是，出生时体重较大的婴儿对甜物的进食量明显大于体重一般或较低的新生儿，而在非甜物质上则差别不大；女孩对甜物的进食量明显多于男孩。

总之，所有相关实验结果不仅表明了新生儿味觉的敏锐性，从出生后就能精细地辨别溶液滋味。他们喜欢较甜的糖水，吸吮浓度较高的糖水比浓度较低的糖水量多、吸吮力强。对于咸的、酸的或苦的液体有不愉快的表情。新生儿确实"偏爱"甜食，已具有了享受甜食的"嗜好"。因此，我们认为实际生活中婴儿对甜食的偏爱不能算做偏食，而是一种正常的符合其身心特点的"嗜好"。

（四）触觉偏好

触觉器官最大，全身皮肤都有灵敏的触觉。实际上，胎儿在生命一开始，当他被子宫温暖的软组织和羊水包围时就开始有了触觉。习惯于被紧紧包裹在子宫内的胎儿,出生后也喜欢紧贴着身体的温暖环境。从降生人间的那一天起,新生儿的触觉敏感性就已得到相当的发展。新生儿对身体接触,特别是对手心和脚心的接触非常敏感。

其实,新生儿对不同的温度、湿度、物体的质地和疼痛有触觉感受能力。当你怀抱新生儿时,他喜欢紧贴你的身体,依偎着你。大多数新生儿在哭闹的时候,只要成人和他说话,将手放在婴儿的腹部,并按住他两个手臂,通过触觉刺激就能使他停止哭闹,而并不需要抱起来安慰。

新生儿对冷热、疼痛有感觉,新生儿对于低于体温的温度比高于体温的温度更敏感。新生儿喜欢接触质地柔软的物体,而嘴唇和手是触觉最敏感的部位。这点也可以用来解释胎儿、新生儿喜欢吸吮手指的偏好。用超声显像方法就可以见到早在胎儿24周(怀孕6个月)时就有吸吮拇指的动作。新生儿在吸吮手的动作中获得而自我满足。总之,触觉是小婴儿安慰自己、认识世界以及和外界交往的主要方式。

(五)嗅觉偏好

对气味的偏好也是与生俱来的。例如,让新生儿闻香蕉和巧克力的气味时,他们表现出放松、愉快的表情,但是臭鸡蛋的气味会使他们皱眉头。早在20世纪70年代,研究者在研究婴儿味觉的实验研究中就发现,新生儿闻不同气味时会有不同的面部表情变化。研究发现出生12小时以内的正常新生儿(从未受过任何嗅觉刺激),对两种不同的食物气味(令人愉快和令人不愉快的)会做出与之相应的面部表情。当闻到"令人愉快的"食物气味时,新生儿面部肌肉放松,嘴角后缩,仿佛在微笑,并伴之以吸吮和舔唇活动。而"不愉快的"食物气味则会使新生儿嘴唇吸起或压低嘴角并流口水或吐唾液。新生儿还能找到发出气味的地方,如果是不好的气味,他们就避开那个方向。当研究者把氨水放在出生不到6天的婴儿鼻孔前时,婴儿会很快把头转到另一侧。

新生儿也有喜欢闻人奶味道的倾向,他们倾向闻正在哺乳的女人的气味。这保证了他们正确地选择食物资源,同时也使他们在吃奶过程中学会辨认自己的妈妈。也在20世纪70年代,另一项对婴儿嗅觉发展的研究中,研究者把一只洁净的胸罩和一只该新生儿母亲的胸罩分别放在出生2—7天的新生儿头部两侧,然后观察统计婴儿转头的方向和次数。结果表明:总体来看,新生儿明显偏爱其母亲的胸罩,转头次数较多。而单独来看,2天的新生儿对两只胸罩的反应没有明显差异;6天的新生儿则显示出明显的"嗅觉偏爱",而且到8—10天时最为明显。

二、依恋

在婴儿的情感活动中,依恋是一个重要的情感。20世纪60年代末,英国精神分析师约翰·鲍尔比最早提出了依恋这一概念。他指出依恋是抚养者与孩子之间一种特殊的情感上的联结。在发展心理学中,依恋又指儿童与他的抚养者(一般为母亲)之间存在的一种特殊感情关系,依恋的形成与母亲经常满足婴儿的需要,给予愉快的刺激有关,也是婴儿在与人交往中对人从泛化到分化的社会性认识的结果。婴儿一旦建立了这种情感依恋,就会自由自在地去认识周围的新鲜事物,就会更愿意与人交往,去适应周围的环境。这种依恋情感的质量对日后婴儿的情感、认知能力和社会交往能力的发展都有很重要的意义。婴儿早期情感的培养很重要,对每一位家长来说,育儿决不是单纯的喂养,更重要的是在喂养中建立良好的亲子关系,使婴儿经常保持愉快的情绪。

(一) 依恋的形成

依恋是在婴儿与成人相互作用下形成的,最早是产生于母婴之间。在与母亲最亲密的感情接触与交流中,婴儿与母亲之间建立一种特殊的社会性情感联结,即对母亲产生依恋。如,婴儿会将微笑、哭叫、注视、依偎、追踪等都指向母亲。虽然婴儿最初的依恋对象是母亲,但如果父亲与婴儿交往的时间增多,婴儿也会形成对父亲的依恋。有研究表明:父亲积极参与抚育越多,婴儿对父亲依恋越深,依恋安全感越强。依恋的形成是相互的,父母对婴儿的精心护理、关爱,婴儿对父母产生依恋,但婴儿的微笑、发声、长相可爱及满足父母希望等也吸引父母对婴儿的依恋。依恋形成的主要阶段是 6 个月—3 岁。

(二) 依恋的类型

20 世纪 70 年代末,美国一位女性心理学家玛丽·艾因斯沃丝设计了一种专门研究婴儿依恋的方法,叫做陌生情境测验。在这种测验中,她先让妈妈抱着孩子进入一间实验室,玩几分钟玩具后,一个陌生人进入实验室,先沉默,再和孩子妈妈交谈,之后让妈妈离开房间,看孩子的表现。过一会儿,妈妈回来,再看孩子的表现。实验者可以控制妈妈离开的时间长短、妈妈与陌生人的交往方式、妈妈离开孩子的次数等因素。艾因斯沃丝发现,婴儿对母亲的依恋大致可分为三种:

1. 安全型

这类婴儿与母亲在一起时,喜欢与母亲接近,但并不总是靠在母亲身边,而是积极地探索周围环境,同时时常与母亲进行远距离或近距离的交往,寻求母亲分享他们的玩耍。母亲离开时,表现为不安,有的甚至哭泣。当母亲回来时,他们会立即接近母亲,并迅速缓解悲哀和不安,恢复平静继续玩耍。这类婴儿对陌生人也会表现出不同程度的怕生,但在母亲的鼓励下,也能很好地与陌生人交往。

2. 回避型

这类婴儿与母亲之间情感淡漠。与母亲在一起时,多数时间自己玩耍,很少理会母亲;在与母亲分离时,悲伤程度小,能专心做自己的事。当母亲回来时,不积极欢迎,也无明显的喜悦,抱他时会挣脱或身体移开,主动回避。

3. 矛盾型

这类婴儿对母亲离开非常警惕。与母亲在一起时,喜欢与母亲保持身体接触,母亲离开后极端痛苦,但当母亲返回时则表现出矛盾情绪。他们一方面寻求与母亲接触,同时在母亲亲近时又生气地拒绝,要花很长的时间才能使他们平静下来。这类婴儿对陌生人表现出退缩、难以接近的现象。

在三种依恋类型中,安全型依恋为良好、积极的依恋,而回避型和矛盾型依恋为不安全性依恋,是一种消极不良的依恋。我国学者的研究把儿童早期的依恋分为:安全型依恋和不安全型依恋,而不安全型依恋又可分为淡漠型依恋、缠人型依恋和混乱型依恋。依恋的性质取决于母亲对婴儿所发出信号的敏感性和对婴儿的关心程度。如果母亲能对婴儿发出的信号做出及时、恰当的抚爱反应,婴儿就能发展对母亲的信任、亲近,形成安全型依恋。反之,则不能。因此,作为母亲是否对婴儿敏感、有爱心,对婴儿安全依恋的形成至关重要。而早期安全依恋的形成对儿童心理的发展具有深远的影响,这应引起父母足够的重视。

(三) 依恋的阶段

鲍尔比根据儿童行为的组织性、变通性与目的性发展的情况,把儿童依恋的产生与发展过程分为四个阶段:

1. **前依恋阶段(出生到 6 周)**

新生儿用一套自己的信号系统:抓握、微笑、哭泣和凝视成人的眼睛来获得成人的关注,但是还没有形成对于特定对象的依恋,如母亲。因为此时婴儿并不介意和不熟悉的人在一起。

2. **"形成中的"依恋阶段(6 周到 6—8 个月)**

这一阶段中婴儿继续探索环境,开始能够识别熟悉的与不熟悉的成人之间的差别,并且开始对不同的人反应有所不同,其中对母亲(照料者)更为偏爱。这时的婴儿在母亲面前表现出更多的微笑、咿呀学语、依偎、接近,而在其他熟悉的人如其他家庭成员面前,这些反应则相对少一些,对陌生人的反应更少,此时他们依然不怕生。

3. **"清晰的"依恋阶段(6—8 个月到 18—24 个月)**

从 6—8 个月起,婴儿进一步对母亲(照料者)的存在特别关切,特别愿意与母亲在一起,当她离开时则哭着不让离开,当母亲回来时则能马上显得十分高兴。同时,只要母亲在婴儿身边,婴儿就能安心地玩、探索周围环境,好像母亲是其安全的基地。此时的婴儿已经出现了明显的对母亲的依恋,形成了专门对母亲的情感联结。同时,婴儿对陌生人的态度变化很大,见到陌生人,大多不再微笑、咿呀作语,而是紧张、恐惧甚至哭泣、大喊大叫,开始怕生。

4. **交互关系的形成(18 个月到 2 岁及以后)**

婴儿开始能认识并理解母亲(照料者)的情感、需要、愿望,知道她爱自己,不会抛弃自己,并知道交往时应考虑她的需要和兴趣,并据此适当调整自己的目标,这时与母亲的空间的邻近性逐渐变得不那么重要。比如,当母亲需要干别的事情要离开一段距离时,婴儿会表现出能理解,而不会大声哭闹,他可以自己较快乐地在那儿玩或通过语言与母亲交谈,相信一会儿母亲肯定会回来。

（四）依恋的影响因素

依恋风格的形成并非受制于某一个因素，目前对婴儿依恋的研究越来越趋向整合的考虑多个因素，并且依恋的可变性也引起了广泛关注，一种动态发展的视角也正悄然兴起。当然，影响婴儿依恋的因素主要来自父母、婴儿以及家庭方面的影响，在此也仅谈及父母教养方式、儿童气质类型和家庭系统结构的影响因素。

1. 父母教养方式

玛丽·艾因斯沃丝认为，婴儿对亲人的依恋方式取决于父母对他们的教养方式。父母教养方式是指父母的教养观念、教养行为及其对儿童的情感表现的一种组合方式。这种组合方式是相对稳定的，它反映了亲子关系的实质。

最早研究父母教养方式的是美国专家，研究者根据父母行为的控制和温情两个维度，把父母教养方式分为权威型、专制型和放任型三类。之后又提出了家长教养方式的四种类型，即权威型、专制型、沉溺型和忽视型。并对与每种类型对应的儿童社会性发展作了详细的描述。近年来，我国学者对父母教养方式也进行了大量研究，尽管在所分类型上有一定差异，但基本看法和西方的研究结论具有相似性。

目前认为，权威型教养方式是幼儿最初社会性发展的最佳方式。权威型父母对婴儿有较多的温情、态度积极肯定、要求较明确、尊重孩子的意见和观点。这种高控制、情感上偏于接纳和温暖的教养方式是更接近民主的，对儿童的心理发展带来许多积极的影响。这种方式也比较符合我国强调父母权威和子女顺从的社会传统。相比之下，其他类型的教养方式对儿童社会性发展具有更多的负面效应。如，专制型父母控制有余，爱心不足；沉溺型父母爱得不理智，控制不足；忽视型父母无论在教养方法和教养态度上都成问题。唯有权威型父母，其教养方式是最费时费力的方式，但又是较为理想的方式。

2. 儿童气质类型

依恋风格的形成是亲子双方交互作用的结果，因此儿童形成何种依恋风格，不只与父母有关，还与儿童自身的特点有关。在儿童自身的许多特征之中，气质是心理学家最为关注的。气质是儿童个性的基础，是儿童早期表现出来的受生物基础制约的行为差异，并且在不同情境的再发展过程中是相对稳定的，对儿童的发展起着重要的作用。

国外有研究者注意到一岁婴儿安全型、反抗型、回避型依恋的百分比与测定的容易型、困难型、沉默型总体气质特征的百分比有很高的一致性。在一项考察 24 个月婴儿的气质的抑制性与非抑制性特征与依恋关系的研究中发现，反抗型依恋的儿童抑制型居多，回避型依恋的儿童非抑制型的居多，安全依恋的儿童在两种气质类型之间适度存在，不存在极端情况。国内学者也认为儿童气质类型是影响父母教养行为的重要因素。

显而易见，父母教养方式和儿童气质特征都对依恋有直接或间接的影响，并且两者的交互作用，使婴儿依恋产生和发展呈现出相应的个体特点。难怪乎，早在20世纪80年代，就有研究者综合了当时的实验证据，提出父母照料质量决定儿童依恋类型，儿童气质决定不安全依恋特殊表现形式的论断。

3. 家庭系统结构

家庭是儿童生活成长的重要环境，从生态学角度考虑，父母和子女是生活在家庭系统中，而家庭系统本身根植于社会、文化甚至是历史的背景之中，因此，家庭系统结构也是依恋的影响因素，并且还应该综合考虑家庭系统中各因素的相互影响和共同作用。

家庭的众多因素对孩子的依恋建立有影响。比如，父母婚姻的和谐程度、家庭的整体氛围、家庭经济状况、照顾者文化水平等会通过间接的方式影响依恋关系。其中，父母婚姻质量对子女依恋的安全感具有直接和间接的影响。婚姻质量既影响母亲对孩子照顾的敏感度，又关系到父母双方的心理状态和应激水平，进而影响父母和子女的互动过程，从而影响子女的依恋类型。有研究发现，在童年时父母的分离给子女带来的不仅仅是冷漠、拒绝，重要的是儿童无法找到可以始终依靠和信任的人，充满矛盾和戒备心理。

相对于婚姻质量，家庭中父母受教育程度和家庭经济收入状况也会影响儿童依恋风格。父母的受教育程度则与儿童的焦虑呈现负向相关。也就是说，随着父母教育水平的增加，儿童焦虑水平降低。在经济拮据的家庭中，儿童很少能一致地依靠某个人，父母养育子女的敏感性、积极性都会受到影响。因此，家庭经济困难与儿童的回避、焦虑呈现正向相关。另外，家庭能否得到社会支持也会影响家庭氛围和父母照顾子女的时间和精力，进而影响儿童依恋风格的形成。

三、0—3岁儿童亲子交往能力教育的主要任务

依恋的形成和发展贯穿在0—3岁儿童的生活中，婴儿依恋的形成以及依恋类型将直接影响着其情绪、情感、社会性行为、性格特征和对人交往的基本态度的形成，在维持婴儿的安全和生存方面具有直接意义。从上文中，我们已知早期安全依恋的形成对儿童心理的发展具有深远的影响，因此，0—3岁儿童亲子交往能力的教育也可以理解成培养幼儿形成积极的亲子依恋的教育。这一阶段幼儿亲子交往能力的教育主要有以下两方面的任务：

（一）提高父母的教养质量

之前提到，父母的教养方式是依恋风格的影响因素，在各类教养方式中，权威型教养方式被认为是幼儿最初社会性发展的最佳方式。因此关注父母的教养方式，提高教养质量是极其重要的一环。

(二) 加强婴儿和父亲的交往

父亲在婴儿心理发展中的重要作用已逐渐得到重视。有研究表明:父亲积极参与抚育越多,婴儿对父亲依恋越深,依恋安全感越强。父亲与婴儿交往更多的是游戏,常常爱玩把婴儿高高地举起、来回晃荡等较为激烈的、带有刺激性的身体运动方式,此类运动会带给孩子新奇和刺激。此外,父亲具有的坚毅、果敢、自信、独立、富于挑战精神和敢于冒险精神以及宽厚、大方、热情的个性特征,是婴儿学习和模仿的榜样,无形中渗透于婴儿的精神生活中。因此,父亲在婴儿的成长过程中,是重要的游戏伙伴,也是重要的依恋对象。

(三) 了解婴儿的气质特点

传统心理学家坚持认为气质是形成依恋类型的关键因素,但随着气质和依恋相关性研究的进展,人们发现,只要父母调整其行为以适应儿童的需要,那么任何气质特点的儿童都有形成安全型依恋的可能,关键在于父母提供给儿童的抚育环境是否与儿童的气质特点一致。因此,父母有必要了解孩子的气质特点,对于孩子发出的信号应该高敏感性,针对孩子的气质特点选择不同的教育方式,采取合适的、有针对性的方式才能与孩子建立安全型依恋。即便是面对孩子的烦恼,父母也应及时调控自己的情绪,耐心而温和地给予婴儿安慰或满足其需要。

(四) 营造良好的家庭环境

家庭是幼儿生活的主要场所,儿童由于自身的心理发展具有可塑性极强的特点,既易接受外界积极刺激的影响,又易受到消极刺激的影响,而他们自身的辨别能力较弱,所以家庭成员为孩子营造一种温暖的、和谐的、互助的家庭氛围将有助于孩子在这种良好的环境下获得较好的依恋经验,从而有助于孩子安全型依恋关系的形成。

紧张、焦虑的氛围会增加幼儿的无所适从感,孩子的归属感也会降低。父母要以科学的态度来认识幼儿的需求,尽可能创造一个温暖、自由的生活环境,给幼儿一个民主、平等的空间,同时多抚触幼儿,经常互相拥抱、玩耍,以消除幼儿心理上的情感饥饿,满足他心理发展的需要。

(五) 丰富孩子的活动空间

有些孩子会有恋物行为,这些替代品在一定程度上满足了孩子的心理需要,但要是父母对孩子的恋物行为不闻不问、听之任之,也会产生负面效果。重度的恋物行为会使孩子根本无法离开所恋之物,一旦离开或由意外导致无法复原的话,孩子心理的成长将遭遇重大考验。因此,父母要抱孩子到所喜欢的地方去走走、看看、玩玩,让他感受到你的可亲、可近、可信,让幼儿得到情感需求上的各种满足,使他的单一集中性依恋转向多角色的分享性依恋,这样做可以增强婴儿依恋的广度,为他们社会性情感的进一步发展提供基础。

　　儿童形成的依恋类型是不同的,不同依恋类型的儿童在与周围环境相互作用的过程中采取不同的反应方式与应对方式,表现出与依恋类型相关的能力倾向。大量的研究证明,早期儿童的依恋会对儿童以后的发展产生影响。在生活环境保持相对稳定的前提下,早期形成的依恋关系会影响儿童今后人格和社会性的发展,儿童从安全的依恋中获得的温暖、信任、安全感奠定了未来生活中良好心理功能的基础。

　　如果幼儿在早期亲子关系中体验到爱和信任,将有助于他建立自信。相反地,如果婴儿的依恋需要没有得到满足,就会引起自卑,并会在今后的生活中以相应的方式去对待他周围的人。当然,如果儿童以后生活在一个有利的环境中,早期不安全依恋的消极影响会得到改变。

　　有研究发现,安全型依恋的儿童,在人际交往中积极主动,与照料者之间建立起相互信任的关系。他们很有探究周围环境的兴趣,能与陌生人友好相处。他们表现出自信、独立、适应性强的积极的心理品质,这些社会品质的发展与积极进取的探索行动进一步促进了儿童认知尤其是智力的发展,改善了整体素质,增强了身心发展的和谐性。相比之下,不安全型依恋的儿童往往由于强烈的不安全感和内心冲突而难与人建立起友好的交往,从而阻碍了他们对外界事物的认知与探究活动。

　　在不安全型依恋中,淡漠型的儿童虽能进行自主的探究活动,但并不深入,与人交往过程中又易为强烈的焦虑所困扰,且由于具有回避性行为倾向,人际交往与活动的机会减少,导致社会经验缺乏,以及社会性发展滞后。缠人型儿童怯于探索,与陌生人交往异常谨慎,这又缩小了人际空间,阻碍了社会能力的发展和对现实世界的理解。

　　混乱型儿童在生活中往往惶惑不安,缺乏自主性,不能进行自我定向,实际上是缺乏自信感、自主性和人际交往的能力。

　　由此可见,不同的依恋类型对儿童发展的影响是不一样的,与不安全型儿童相比,早期安全型儿童在以后表现出更强的探索欲望和能力,在特定的情景中表现出较强的解决问题能力与良好的坚持性及挫折的容忍力,在与人交往时表现出较高的积极性、主动性、独立性和合作性;有良好的适应能力和行为品质。因此,安全型依恋有利于儿童的发展,也是幼儿在0—3岁阶段时,需要积极建立的一种高质量的亲子交往关系。

第三节 同伴交往

同伴交往是指年龄相同或相近的儿童之间的共同活动而产生的心理上的相互影响的过程。虽然在 3 岁前，婴幼儿主要是与其父母交往，但也开始有了同伴交往。早期同伴交往和亲子交往一样，都是婴儿社交系统中的重要组成部分。它们既相互独立，又相互作用。随着婴儿认知能力的增长，活动能力和范围的扩大，同伴交往在其生活中所占的地位也日趋重要。有研究表明，婴儿对社会行为及如何与他人相处的许多知识，并不是由父母传递的，而是通过与同伴交往习得的。可见，婴儿同伴交往有着其与成人交往所无法替代的特殊的作用和重要性。

一、同伴交往概述

孩子一出生就处在一定的社会关系中，他们在每种不同的关系中不断地学习、调整自己与他人的交往行为，而同伴交往是在儿童早期发展中一种非常重要的社会关系。同伴是指儿童与之相处的具有相同社会认知能力的人。在同伴交往中，由于儿童在身心两方面的水平基本相同，因而这种交往是一种平等的交往。在这一过程中，儿童在心理上相互影响，行为上彼此模仿，经过认同、内化，融入自己的心理结构，从而促进各自心理的发展。也正因此，同伴交往对儿童的发展与成熟具有其他类型的交往不可替代的作用。自 20 世纪 70 年代以来，随着对社会性发展的日益重视，幼儿同伴交往的研究越来越受到学界的高度重视，目前已然成为儿童社会性研究的热点之一。

（一）同伴交往的类型与特点

同伴关系主要表现在两个方面，一是同伴接纳，即幼儿在同伴群体中的被接受性或受欢迎程度，是群体指向性的关系，表示群体对个人的看法；另一方面是友谊，指的是发生在两个人之间，相互的关系。儿童被同伴接纳的程度是儿童在同伴群体中被同伴接受的程度，反映了儿童在同伴交往中的地位和社会能力，并且也是对儿童同伴交往类型进行划分的基准。从 20 世纪 80 年代起，儿童同伴交往的类型就成为了儿童社会性发展研究领域的一个新课题。研究者采用社会测量等方法，从社会偏好分数和社会影响分数中得到儿童的同伴接纳程度。社会偏好分数表现了儿童受同伴接纳的程度，社会影响分数是指儿童被关注的程度。一般可将儿童分为受欢迎型、被拒绝型、被忽视型、矛盾型、一般型五种同伴交往类型。

同伴交往的特点具有熟悉性和稳定性。幼儿更倾向与自己熟悉的同伴一起玩，即使在交往发生冲突时，他们也已经可以在成人的帮助下尝试使用妥协、协商、轮流等方式解决问题。

这种同伴关系一旦确定也是相对稳固和长久的。幼儿倾向于选择同伴关系内的人玩耍,虽然会时常发生冲突,但他们和好的速度也是相当之快。实际上,只要各种条件具备,比如同住一个小区,同上一所幼儿园等,在3岁前结成的良好同伴关系也是可以发展成长期而稳定的友谊的。

(二) 同伴交往的意义

同伴关系在儿童的发展中具有成人无法替代的独特作用。同伴关系不良不仅会影响儿童现时的发展,还会影响儿童后期的社会适应。有研究发现儿童早期的同伴关系与其后来对学校的适应相联系,并且儿童早期的同伴关系与以后的心理健康问题相联系。

1. 促进婴儿的社会技能

婴儿早期同伴交往有助于促进婴儿社交技能及策略的获得。婴儿在同伴交往的相互影响中,发展着同伴间的社交游戏,形成对某些游戏同伴的偏好,从而也出现了婴儿最早的友谊。从早期友谊的特征来看,它是婴儿3岁前社交技能发展的顶点。

有研究发现,婴儿需要通过早期的同伴交往来发展和丰富其社会技能与策略,并且同伴交往比亲子交往更能促进婴儿社交技能的提高。婴儿正是在与同伴的交往过程中,不断学习并调整自己的社交行为,逐步发展、丰富自己的社交技能和策略,从而使相互间的同伴交往无论在数量上还是在质量上都取得迅速的发展。

2. 促进婴儿的社交行为

婴儿同伴交往有助于促使婴儿积极、友好的社会行为,而减少其消极、不友好的行为。在交往中,婴儿总是通过同伴的反馈来调整自己的社交行为。有研究发现,2岁以下的婴儿在游戏中相互影响有两种途径,即相互模仿和同伴反馈。在同伴交往中,由于婴儿同伴之间年龄的相近性,身心各方面的发展水平类似,双方的社交地位平等,因此较之亲子交往,同伴反馈更真实、自然和及时,也更需要友好、积极的社交行为。

同时,由于同伴交往情境的多样性,使得婴儿有更多学习和调整自己社交行为的机会,从而使之向友好、积极的方向发展,获得同伴更多的肯定与接受。

3. 促进婴儿的情绪情感

从对婴儿同伴交往的诸多研究中发现,婴儿在同伴交往中表现出更多的、更明显的积极情感,如,微笑、拍手、抚摸和关注等。婴儿在同伴交往中情绪更积极、活泼、愉悦,积极的言语、表情、动作也更多。

同时,婴儿在同伴游戏中宣泄并调节不良情绪,在同伴的抚慰和帮助中平衡自我的心理状态。在关于婴儿早期友谊的研究中发现,婴儿已经具有了亲近、共享、积极的情感交流。婴儿正是从具有这些愉快、积极特征的交往中,得到分享与合作的欢乐,并培养起对其他人情感状态的注意、理解与同情。

4. 促进婴儿的认知发展

婴儿的认知能力也同样从同伴交往中获益。在社交游戏中,与同伴的玩耍往往能改变玩具带来的固有刺激,并且婴儿可以通过互相模仿,不断地操作和组合玩具等物品,赋予其以往未曾尝试过的新含义。在这些活动中,婴儿或模仿同伴的行为,或把同伴的行为作为另一不同行为的基础,从而扩展自己对事物的认识,发展自己认知操作、解决问题的能力。

有研究发现,1—2岁的婴儿对周围其他婴儿的活动是非常注意的,他们会相互模仿行为,这种行为的模仿将有助于婴儿建立起一种认知结构,逐渐调适自己的心理和周遭环境,从而为将来的学习打下良好的基础。

5. 促进婴儿的自我认知

同伴关系对婴儿自我认知,以及今后的发展都具有微妙的影响。例如,婴儿在同伴交往中的地位及其早期友谊的建立,将会影响婴儿自我概念的形成。婴儿的同伴早期经验又是影响其以后社会化的一个重要动因。

有一个非常有力的事实可以证明这点,这就是在第二次世界大战中,6名在集中营里长大的婴儿,在缺乏成人照看的情况下,基本上是自己照看自己。他们相互之间形成了深厚的、持久的依恋情感。他们在成长过程中没有一人有缺陷、犯过过失或是患有精神疾病,成熟后均成为正常的、有用的社会成员。此外,婴儿在早期同伴交往中发展的经验,对于塑造其个性、价值观及人生态度都有独特、重要的影响。

(三) 同伴交往的影响因素

影响婴儿早期同伴交往的因素有很多,其中亲子交往、玩具和物品、同伴熟悉程度以及婴儿自身因素等都会影响婴儿间的同伴交往。

1. 亲子交往经验

亲子交往经验与婴儿同伴交往之间有着密切的相关。因为婴儿与父母在一起呆的时间更长,父母为其提供最多的榜样、经验,婴儿最可能在与父母交往的早期经验中习得同伴交往。父母对婴儿的行为、方式影响着婴儿随后对同伴的行为、方式,尤其是其行为的内容与态度。

有研究者分析了3岁婴儿对母亲依恋的安全感与4个月后与同伴交往的关系,结果表明安全感与同伴社交能力具有明显的正相关。在缺乏亲子交往和情感交流的条件下,婴儿的同伴交往的发展是有缺陷的。因为父母不仅仅只提供情感和身体上的接触,而且还在婴儿"自我肯定"概念的发展和社交技能、行为等的习得中起重要作用。

婴儿在出生后的几个月中,在成人的帮助下摆弄物体的过程中,逐渐发展了自我肯定。这种自我肯定可以说是同伴交往的先决条件。早在20世纪30年代就有研究者注意到,婴儿在对成人第一次微笑和发声等社交行为发生后的2个月后,在与同伴交往中也出现了相同行为。可见,亲子交往是同伴交往的出现的源头,父母与婴儿的交往对同伴交往具有重要的影响和促进作用。

2. 玩具和物品

尽管对人微笑、发声或身体上的接触是最初的婴儿社交行为的突出表现,但由于婴儿间最普遍的游戏是以玩具和物品为中介的各种活动,婴儿间社交活动是与玩具密切相关的,因此玩具和物品也是婴儿同伴交往的一个重要影响因素。

婴儿通过摆弄玩具、重新组合玩具,不仅赋予玩具以新的含义,也产生了更多的合作行为,从而促进婴儿社交技能的提高。有研究发现,两个婴儿在玩同一个玩具时,两个婴儿在各自都想控制玩具的过程中,开始注意到对方的情感、要求和反应,从而调整和协调自己的行为,以便交往能得以顺利进行。一项研究2岁婴儿同伴社会性游戏发展的研究发现,在婴儿直接参与的交往中,出现频率最高的几个行为都与玩具有关,如提供玩具、接受玩具、拿走玩具、分享玩具、抢夺玩具等。可见,玩具为婴儿同伴交往提供了多种形式的交往方式,比如给或拿、模仿、合作、分享或抢夺等。

此外,玩具的数量、特征也明显影响婴儿同伴交往的数量和方式。有研究发现,积极的情绪交往在大玩具条件下较常见,而消极情绪交往则在无玩具条件下更普遍。这是因为不可独占的大型玩具有助于促进婴儿同伴间的社会性交往,似乎加大了婴儿交往的积极性;而个人可控制的小型玩具则正相反,它对婴儿交往积极性存在一种降低、减弱的潜在的可能性。

3. 同伴熟悉程度

研究表明,同伴之间的熟悉程度对婴儿的同伴交往也有很大影响。婴儿早期同伴交往大都发生在相互熟悉的婴儿之间,或者在相互熟悉的婴儿间更易发生。有研究发现,在陌生的环境中,相互不熟悉的婴儿之间是很难进行交往的。在同处于一陌生环境中,两个原先认识的婴儿之间交往的积极性、频率、持久性和复杂性都远远超过原先不认识的婴儿之间所进行的交往。

之前提到,同伴交往的特点之一就是熟悉性。婴儿更喜欢与自己熟悉的同伴一起玩。有一项跟踪研究发现,把3—16个月的各种不同状况的婴儿集中在一起养育,他们不仅显示出了各种各样的社会性接触,如对视、相互注意、身体接触、合作游戏等,而且早在5个月时,就出现了对同龄人的社交行为。可见,婴儿间的相互熟悉性在很大程度上影响了婴儿交往的数量与水平。

4. 婴儿自身特征

婴儿的自身特征,如个性、行为特征,也明显地影响同伴的交往。婴儿积极或消极的行为在很大程度上影响婴儿的同伴交往,也影响他的同伴社交地位。最喜欢用积极行为去与同伴交往的婴儿,是同伴中最受欢迎的;相反,最不受大家喜欢的,是在交往中经常表现出消极行为的婴儿。

在一项考察早期儿童同伴接受性的研究中发现,即使在学步期婴儿的同伴交往中,婴儿也明显地有受欢迎和被拒绝之分。受欢迎的婴儿与他人有24次交往,而被拒绝婴儿只有2次交往的愿望;与同伴,受欢迎婴儿有15次交往,而被拒绝婴儿只有4次交往。交往的主动性明显不同。显而易见,婴儿的个性和行为特征也是影响婴儿同伴交往的重要因素。

此外,婴儿同伴与年长儿童的社交经验,以及游戏的人数情况等,也在婴儿的同伴交往中起着不可忽视的作用。有研究表明,与年长儿童的社交经验有助于促进婴儿社交技能与水平的提高,而婴儿的交往数量在两两游戏中比同时和多个婴儿在一起游戏中出现的更多,且交往方式也获得更快。

二、0—3 岁儿童同伴交往的发展特征

总体而言,婴儿同伴交往是经历了由无到有、由简单到复杂、由低到高的发展变化过程。但由于视角的不同,对 0—3 岁儿童同伴交往的发展特征还是具有各自不同的观点。在这里主要提及在个体认知发展(关注中心的发展)、社会技能发展,以及个体交往发生论三种视域下,相关于0—3 岁儿童同伴交往的发展特征。

(一) 个体认知发展特征

在这一视域中的大量观察和研究证实,婴儿早期交往的发展以一种固定的程序展开,分为四个阶段。

第一阶段:以客体为中心的阶段

在这一阶段中,婴儿之间的交往主要集中在玩具或物品上,而不是婴儿本身。有研究表明,6—8 个月的婴儿通常只有极短暂的接触,如看一看、笑一笑或碰下同伴,基本处于互不理睬的情况。一岁内的婴儿交往,大部分是单方面发起的,并且一个婴儿的社交行为往往不能引发另一个婴儿的反应。然而,这种单方面的社交是社交的第一步,因为一旦一个婴儿社交行为引起了另一个婴儿的反应时,婴儿之间最简单的相互影响也就发生了。

第二阶段:简单交往时期

在这一阶段中,婴儿已能对同伴的行为作出反应,婴儿的行为有了应答的性质。研究者针对这一阶段的婴儿提出了"社交指向行为"的概念。"社交指向行为"即指婴儿意在指向同伴的各种具体行为。婴儿在发生这些行为时,总是伴随着对同伴的注意,也总能得到同伴的反应。这些行为的目的都在于引起同伴的注意,与同伴取得联系。

在一项对 1—1.5 岁婴儿交往的研究发现,所有婴儿对其周围其他婴儿都非常注意,并对同伴表现出经常的身体接触、互相对笑、说话、相互给取玩具等等。研究结果表明,婴儿在进行独立活动的同时,通过留意环境获取同伴的信息,并且由于观察或模仿同伴的行为,婴儿之间有了直接的相互影响、接触,简单的社会交往便由此产生了。

第三阶段:互补性交往时期

在这一时期,婴儿之间相互影响的持续时间更长,内容和形式也更为复杂,出现了婴儿间合作的游戏、互补或互惠的行为。在这一时期中,婴儿交往最主要的特征是同伴之间的社会性游戏

的数量有了明显的增长。

在一项对出生后10—24个月同伴社会性游戏发展的研究中,研究者分别让10—12个月、16—18个月和22—24个月的三组婴儿和自己的母亲、不熟悉的同伴及同伴的母亲在一起,观察婴儿与他们的交往情况。结果表明,16—18个月、22—24个月的婴儿社会性游戏明显多于单独游戏;同时,在这3个年龄组中,即便是10个月的婴儿也最喜欢与同伴玩,而相对较少与母亲玩,随年龄增长,16—18个月和22—24个月的婴儿更喜欢与同伴玩,与同伴游戏的数量明显多于与母亲玩的数量。可见,16—18个月是婴儿社会性游戏迅速增长的转折点。到2岁左右时,社会性游戏的数量绝对超过单独游戏的数量,而其社会伙伴则更多为同伴,而与母亲的交往明显呈下降态势。

(二) 社会技能发展特征

研究者从社会技能发展的角度,对婴儿早期同伴交往进行了大量的观察和研究。总结了这些研究结果后,把婴儿早期同伴交往划分为简单社交行为、社会性相互影响、同伴游戏和早期友谊四个阶段。

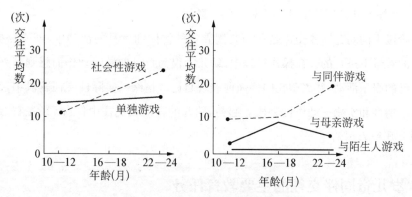

图 2 - 2　婴儿社会性游戏的发展

第一阶段:简单社交行为阶段

此阶段,婴儿所有的社交行为都已经出现,但多数行为的表现是单方面的。研究者认为,从本质上来说,这些最早的社会行为是建立社会性相互影响的基础,同时,作为交往的第一步,它也无需回应。

第二阶段:社会性相互影响阶段

而婴儿的社交行为引起了另一个婴儿的反馈,那么社会性的相互影响也就随之发生,从而进入了婴儿早期同伴交往的第二阶段。这种能引起同伴反应的行为比单方面的行为更具技巧性,因为婴儿要对另一个婴儿发出行为,而且还要能够引起对方的反应,而对于另一个婴儿而言,他则必须迅速地对这一婴儿的行为作出判断和反应。随着婴儿月龄的增加,其相互影响的持续时间也将不断增长。

第三阶段:同伴游戏阶段

随着对社会性相互影响、相互作用的掌握,婴儿同伴社交游戏的明显特征也逐渐显现,广泛表现在一般的社交行为之中。20世纪70年代,有研究者对婴儿的游戏列了四个指标:主动加入、轮流替换、重复和灵活性,并且对照此指标分析了24对婴儿28个典型游戏交往实例,研究发现可分为两种不同复杂程度的技能类型,即模仿和互补。通过游戏,婴儿的社交能力又发展到了第四阶段,从而出现最初的友谊。

第四阶段:早期友谊阶段

早期友谊的出现是婴儿社交技能发展的顶点,它表现为同伴之间出现亲近、共享、积极情感交流和共同游戏等,并且婴儿间开始出现偏爱,且两个朋友间在交往中具有明显的互选性。

(三) 个体交往发生论

从20世纪60年代初起,前苏联著名心理学家丽西娜在其研究的基础上,提出了个体交往发生理论,并依据其研究成果将学前期儿童同伴交往发展分为情绪—实际性交往(2—4岁)、情境—活动性交往(4—6岁)和非情境—活动性交往(6—7岁)三个阶段。可见,从个体交往发生论的视域出发,0—3岁婴幼儿的同伴交往基本处于第一阶段。

在这一阶段中的幼儿同伴交往是在幼儿摆弄各种物体和玩具的活动中,即实物操作活动和模仿性游戏的背景下进行的。在操作过程中,幼儿不仅为自己的游戏动作而感到高兴,也希望同伴"参加"自己的娱乐活动,并渴望在同伴面前表现自己。情绪—实际性交往阶段中,交往行为的主要手段是表情性和实物—动作性手段。起初,幼儿的言语在交往中仅占5%左右,到了这一时段的后期则上升到7.5%。

三、0—3岁儿童同伴交往的主要教育任务

同龄人之间的相互交往对婴儿的个性发展和社会化过程起着重要的作用。从上文中我们已知,同伴关系在儿童的发展中具有成人无法替代的独特作用。同伴关系不良不仅会影响儿童当时的发展,还会影响儿童后期的社会适应。因此,培养同伴间的交往能力对0—3岁儿童而言是极为重要的教育内容。这一阶段幼儿亲子交往能力的教育主要有以下几方面的任务:

(一) 建立良好亲子关系

亲子之间良好的依恋关系对同伴交往有促进作用,安全依恋给婴儿注入自我肯定感,有助于婴儿与他人的交往。在第二节对亲子交往的介绍中,我们已知早期安全依恋型儿童在以后与人交往时表现出较高的积极性、主动性、独立性和合作性;有良好的适应能力和行为品质。可见,在幼儿0—3岁阶段的同伴交往教育中,首先需要积极建立起良好的亲子交往关系。

（二）创造同伴交往机会

应尽可能为幼儿创造相互交往、自由交谈和玩耍的良好机会。成人要鼓励幼儿与邻居或好友的孩子一起玩，并积极参加社区组织的亲子活动和游览儿童乐园等活动。在这些活动中，不仅可以使幼儿之间多接触、多交往，更重要的是能使幼儿逐渐了解和认识对方，能逐步体会到人与人之间的关系，学会如何与别人沟通和一起活动的能力。

（三）培养同伴交往策略

曾有研究表明，运用有效的干预方法能培养幼儿的交往策略，帮助幼儿克服自我中心主义，建立良好的同伴关系。因此，成人有意识地培养幼儿的同伴交往策略将促进其同伴交往能力，有助于幼儿社会性的发展。在游戏中培养幼儿同伴交往的策略不失为一个好方法，如进行"找朋友"和"娃娃家"等简单的游戏，都能使婴幼儿体会到交朋友的快乐，并在过程中潜移默化地增长同伴交往的策略。

（四）提供交往物质支持

同伴交往的物质主要包括玩具等物品。玩具等物品对于幼儿同伴交往的进行具有影响作用。婴儿通过摆弄玩具、重新组合玩具，不仅赋予玩具以新的含义，也促使其产生了更多的合作行为，从而促进了社交技能的提高。同时根据上文所提及的研究发现，大型的玩具（如滑梯、荡船、攀登架等）比可独占的小型玩具更有助于婴幼儿同伴间交往的积极性。因此，成人应尽可能为婴幼儿提供一些合适的玩具等物品，这将有助于促进幼儿同伴交往的发展。

（五）促进社会认知发展

社会认知是指人对社会性客体及其之间关系的认知，以及这种认知与人的社会行为之间关系的理解和推断。社会性客体及其之间的关系包括人（他人和自我）、人际关系、社会群体、社会角色、社会规范、社会生活事件等。儿童对自我—他人关系的发展趋势是由自我中心发展到去自我中心（或观点采择），即儿童从完全不能推断他人的观点，发展到逐渐能够站在他人立场，从他人角度看世界。因此，成人应在给婴幼儿提供同伴交往的机会的同时，也应能帮助他们理解同伴的意义，激发他们去思考自我与他人观点立场的不同，从而促进其社会认知的发展。

（六）推动言语交流能力

言语在婴儿认知和社会性发生发展过程中具有重要作用，因为它是人类心理交流的重要工具和手段，也对人的心理发展具有深远影响。在交往中，言语往往是交往成功或失败的决定因素。言语过程主要包括言语感知、言语理解和言语表达三个方面，它们也是所有言语交流活动所必经的三个阶段。婴儿言语的发展也是这三方面能力发生发展的过程，其中言语知觉能力是婴儿最早获得的能力。在0—3岁儿童同伴交往教育中,不应忽视对婴幼儿言语能力发展的推动,应鼓励幼儿学会和运用口头语言和肢体语言策略与同伴进行交流。

<table>
<tr><td>专栏</td><td>同伴交往中的攻击性行为及其应对策略</td></tr>
</table>

攻击性行为又称侵犯性行为。攻击行为是指因为欲望得不到满足,采取有害他人、毁坏物品的行为。儿童攻击行为常表现为打人、骂人、推人、踢人、抢别人的东西(或玩具)等。对于攻击性行为在本书的第四章中将有详细的论述。由于攻击性行为在幼儿同伴交往中是较为常见的行为,因此在本章节也就幼儿同伴交往中的攻击性行为的原因,以及如何应对这类攻击性行为进行探讨。

对于儿童同伴交往中攻击性行为的划分有很多种,如,情感性攻击与工具性攻击、敌意性攻击与攻击性攻击、反应性攻击与主动性攻击、习惯性攻击和偶发性攻击等。不仅如此,研究者也从各种维度对攻击进行了分类和解释。有些研究者认为攻击是人类和动物的一种本能,有些则认为儿童的攻击是一种习得的社会行为,也有研究者更强调了社会认知在攻击行为中的作用。

幼儿的攻击性行为不但会对他人或集体造成危害,对其个体的健康发展也是很不利的,而且也阻碍儿童社会性、个性和认知的发展,因此对幼儿攻击性行为的研究一直方兴未艾。大量研究表明,有攻击性行为的孩子,其同伴关系一般较差。攻击行为会妨碍孩子今后一生的发展,如果攻击行为延续至青年和成年,就会出现人际关系紧张、社交困难,甚至会出现暴力犯罪的可能。因此,面对幼儿在同伴交往中出现攻击性行为时,成人应当分析发生攻击性行为的原因,并对幼儿加以引导,将有助于幼儿同伴关系的发展,从而对他将来的发展产生积极的影响。

一、幼儿同伴交往中攻击性行为的成因

对于幼儿攻击性行为产生的原因一直是儿童心理学家们关注的焦点。不同流派的心理学家,对幼儿攻击性行为的产生原因和应对方法都有各自的理解,观点主要有以下几点:

1. 排遣压力情绪的方式

这是精神分析论的观点。他们认为攻击性行为是幼儿在遭受挫折后宣泄精神压力和紧张情绪的一种方式。攻击性行为的发生总是以挫折的存在为先决条件;反之,挫折的存在也总是导致某种形式的攻击性行为。从这一观点出发,他们认为,减少攻击性的根本方法就是尽可能地减少人们的挫折。

2. 经验积累的结果

建构主义理论认为,幼儿的攻击性行为是其与周围的人或物交互作用的过程中获得的,是幼儿在与其周围环境交互作用的过程中经验积聚的结果。比如,被欺负者的退缩谦让会鼓励攻击者的攻击性行为,而被欺负者成功反抗的经验也会增加他自卫性的反攻击倾向,并也会逐渐演发出主动性攻击行为。

3. 模仿学习的结果

社会学习理论认为,幼儿攻击性行为是其观察和模仿的结果。幼儿习得攻击性行为,其关键是他们从影视片、文学作品、同伴、成人中看到或听到了攻击性行为的榜样。因此,减少幼儿攻击性行为的关键是减少攻击性行为的信息源。

二、应对策略

针对幼儿同伴交往中的攻击性行为,大体可以有以下几种应对策略:

1. 营造良好环境氛围

有研究证明,生活在一个有良好家庭气氛、有充裕玩耍时间和多种玩具选择中的孩子,攻击行为会明显减少。家长应根据自己的条件,尽可能为孩子提供充足的玩耍时间和玩具。同时,对于有暴力镜头的电影、电视,以及带有攻击性倾向的玩具,都应避免让幼儿接触到。

2. 培养情感调控能力

培养幼儿情感调控能力主要是两个方面,一是教会幼儿懂得宣泄自己的情绪。烦恼、挫折、愤怒是容易引起攻击行为的情感,因此要教会孩子懂得宣泄自己的感情,把自己的烦恼、愤怒宣泄出来;二是引导幼儿进行移情换位。研究表明,攻击者在看到受害者明显痛苦时,往往会停止攻击。然而,攻击性很强的人因为缺乏移情技能,则不会同情受害者。成人应促使幼儿发展换位思考能力,从小培养他们的移情技能。

3. 树立良好榜样形象

成人一定要注意自身修养,在幼儿面前树立良好榜样形象。成人不应在幼儿面前讲有攻击色彩的语言,也不能因自己对某些事情不顺心而在他们面前争吵打骂或攻击别人。即使在对待幼儿攻击性行为时,也不应采取打骂的教育方法。

4. 正确处理攻击行为

成人处理幼儿攻击性行为的方式也会影响幼儿今后是否采取攻击性的行为。在幼儿攻击性行为发生时,成人不制止的态度就会成为攻击行为的"奖励物",以后幼儿还会继续选择攻击性的方式。因此,当孩子出现攻击行为时,成人应及时处理,使孩子认识行为的对错。在幼儿的攻击性行为发生后,则一般提倡"冷处理"方法。所谓"冷处理"是指在幼儿进行了攻击性行为后,成人不发表意见,引发幼儿自我反省思考。若将这种方法与鼓励亲善行为的方法配合使用,效果会更好。

总之,幼儿产生攻击性行为的原因和形式是多种多样的,成人在纠正幼儿同伴交往中的攻击性行为时,需深入了解攻击性行为产生的原因,并采取适宜的应对策略,从而使幼儿能享受到更多与同伴交往的乐趣,促进他们交往技能和水平的发展。

第三章 0—3岁儿童情绪与气质的发展与教育

第一节 情绪与气质概述

一、情绪概述

（一）什么是情绪

我们几乎每时每刻都可能体验到不同的情绪：寂寞、害怕、喜悦、忧伤、内疚、愤怒……各种各样的情绪常常引起我们强烈的体验，并可以引发我们一系列的行为变化。俗语说："人非草木，孰能无情"；"喜怒哀乐，人皆有之"。我国古代将人的情绪分为喜、怒、哀、乐、爱、恶、惧七种基本类型。现代心理学一般把情绪分为快乐、愤怒、悲哀、恐惧四种基本形式。那么，到底什么是情绪呢？

和认知过程一样，情绪活动具有自身独特的机制。心理学家提出了许多关于情绪的定义。如詹姆斯-兰格情绪理论认为情绪是对特殊刺激产生的机体变化的知觉。拉扎勒斯的认知评价理论则认为情绪是个体对环境事件知觉到有害或有益的反应，是人与环境相互作用的产物。简单来说，情绪是人对外部或内部事物是否符合自身需要的内心体验，并伴随着一系列相应的复杂行为反应。从情绪的组成成分来看，情绪包括生理成分、表情成分和体验成分。

情绪是人的主观体验，即人对自己心理状态的自我感觉。但人的情绪不是凭空产生的，而是由一定刺激情境引起的。个体会接触到自然和社会环境中的各种事物，这些事物对主体具有不同的意义，不同的人会对其抱有不同的态度，于是就产生各种不同的体验。比如有人事业成功时感到喜悦，受到侮辱时产生愤怒，失恋时觉得伤心，遇到危险时出现恐惧……这些都是人的情绪的不同表现形式。

情绪的产生以需要为中介。人对客观事物采取何种态度，取决于该事物是否能满足人的需要。如果事物符合人的需要,个体就会对它产生肯定的态度,从而引起爱、尊敬、满意、愉快、欢乐等内心体验;如果事物不符合人的需要,个体就会对它产生否定的态度,从而引起恨、不满意、不愉快、痛苦、忧愁、恐惧、羞耻、愤怒、悲哀等内心体验。这些内心体验并不反映事物本身的属性,而是反映客观事物与主体需要之间的关系。

(二) 情绪的特性

情绪与其他心理现象相比,有一系列的特性。了解情绪的特性,有利于我们在教育与其他各种实践活动中更好地认识和把握情绪现象。

1. 情绪的生理特性

各种心理现象的背后都有一定的生理基础,情绪也不例外。但与其他心理现象不同的是,情绪发生时,个体身体内部会出现一系列明显的生理变化,这是情绪的一个重要特点,我们称之为情绪的生理特性。情绪发生时的生理变化主要是通过人体内自主神经系统中的交感神经和副交感神经的颉颃作用导致的。它主要表现为包括呼吸系统、血液循环系统、消化系统、内外分泌系统以及脑电、皮肤电反应等在内的一系列变化。一般说,交感神经与紧张而不快乐的情绪有关,其兴奋时会引起血管收缩,血压升高、心跳加快、消化器官运动减弱、血糖分泌增加、肾上腺素分泌增加、汗腺分泌增加等变化;副交感神经与平静而快乐的情绪有关,其兴奋时会引起一系列与上述相反的生理变化:血管扩张、血压下降、心跳减慢、消化器官运动加强、血糖分泌下降、肾上腺素分泌减少等。

2. 情绪的外显特征

当个体发生情绪时,还会出现声音、行为、表情与肢体的外部变化,这是情绪不同于其他心理现象的又一个显著特点,我们称之为情绪的外显特征。其中最明显的是个体的表情。人的表情可分为言语表情和非言语表情两大类。言语表情是通过一个人言语时的音高、音响、音速、停顿等变化来反映其不同的情绪。非言语表情又包括面部表情和体态表情两方面。面部表情主要通过面部肌肉、腺体和面色的变化来反映情绪,以眉、眼、鼻、嘴及面颊肌肉的变化为主;体态表情主要通过四肢动作和身体姿势来反映情绪。人类表情本身也有一系列特点。

首先,表情具有先天的共性。某些基本表情在个体出生最初几天里就得以表现,并且这些表情在世界各民族中具有相当的一致性。这种先天性为人类间的思想感情交流创造了有利条件,也给人们识别、研究和利用表情提供了便利。因此,心理学研究能找出一些情绪的共同面部表情模式。艺术工作者还可以抓住各种基本的面部表情的典型模式,用一些最简单的图解线条十分成功地描绘出人的情绪状态。

其次,表情具有后天习得性。人类表情是在先天发生基础上,又在后天社会交往中丰富、发展起来的。这种后天习得性为人类表情的不断发展创造了有利条件,也是导致某些人类表情的社会文化背景差异的原因。正因为表情具有后天习得性,因此在日益发展的社会生活实践中,人类的表情变得越来越丰富。

最后，表情具有可控性。表情的生理基础与情绪不一样，后者主要受自主神经系统调节，一般不受大脑皮层的意识控制，而前者主要受躯体神经系统支配，可受大脑皮层的意识控制，从而显示出表情的可控性特点。我们既可以有意识地自然表现情绪，也可以夸大情绪或掩饰情绪，以符合社会交往、社会适应的需要。这种可控性为人类运用表情创造了有利条件。父母或抚养者也就有了在教育和教学中充分运用表情的可能性。

3. 情绪的两极性

人的情绪在极性、性质、强度、紧张度等各个方面都存在着两极状态，这就是情绪的两极性。从极性上看，有肯定情绪（如快乐、高兴、满意、兴趣等）和否定情绪（如悲伤、烦恼、愤怒、厌恶等）。从性质上看，有积极情绪和消极情绪之分。积极情绪与社会利益相符，有利于个性发展；消极情绪则与社会利益违背，有碍于个性发展。

值得一提的是：情绪的性质和情绪的极性不是一回事。积极情绪可以是正情绪，也可以是负情绪，消极情绪也同样如此，例如，愤怒是负情绪，但对敌人愤怒是积极情绪，而父母或抚养者对婴幼儿大发雷霆，则是消极情绪。同样，愉快是正情绪，但幸灾乐祸则是消极情绪。从强度上看，又有强弱不同的情绪之分。从紧张度上看，还有紧张和轻松的不同情绪之分等。

4. 情绪的情境性

人的情绪会随所处情境的变化而变化，这就是情绪的情境性。无论是基本情绪还是复杂情绪，都是个体在具体的某种情境之中，在客观事物的作用下，并以主客观之间的一定关系为中介而发生。情境发生变化，情绪也容易随之发生改变。因而，在日常生活中常有这样的情况，当你陷入不良情绪时，别人可能会建议你外出旅游或度假，换一个环境，从而达到调节情绪的目的。正因为情绪会随情境变化，所以情绪会出现波动。

情绪的情境性，或称之为情绪的波动性，为人们在特定场合，其中包括在教育活动中进行情绪调控，使之朝着积极的有益的方面转化提供了可能性。

二、气质概述

（一）什么是气质

在日常生活中，我们会发现，有的人性情急躁，易发脾气；有的人冷静沉着，遇事三思而后行；有的人动作灵活，适应性强；有的人则行动缓慢，适应性差……这些综合表现反映了一个人的气质。"气质"一词源于希腊语，最初意指混合，按适当比例把原料、因素配合在一起，后来用以表明人的兴奋、忧喜等心态特点。这种意义上的气质，一直沿用到现在。研究者们对气质提出了不同的定义，一个大体一致的看法是："气质是指那些有生物基础的、从出生时就表现出来的、在不同情境中具有一致性并且有一定程度稳定性的个人特质，它不是指人的某一种特质，而是与人的总体性情有关。"

简单说来,气质是个人生来就具有的在情绪反应、情绪控制、活动水平和注意力等方面表现出来的稳定的质与量方面的个体差异。

例如,有的人性情急躁,易动肝火,遇事不加思考而常常大发脾气;有的人处事冷静沉着,不轻易动肝火;有的人动作灵巧,言语迅速而有力量,易适应变化了的环境;有的人行动缓慢,言语乏力。这些心理活动的动力特征,给个体的心理表现涂上了一层色彩,体现出人的各种气质特征。和情绪一样,气质也具有自己的特性。

(二) 气质的特性

1. 气质的天赋性和稳定性

气质在很大程度上是由遗传素质决定的。气质是人脑的机能,与高级神经活动的类型关系特别密切。气质在个体刚刚出生就有所表现,这可以从婴儿身上显现出来。如有的新生儿喜吵闹、好动、不认生;有的比较平稳、安静、害怕生人。生理学家盖赛尔观察新生儿在运动中的敏捷性、反应性,以及是否容易产生微笑等表现时发现不同的儿童存在个体差异。林崇德在研究类似环境中长大的 24 对同卵双生子和异卵双生子时也发现遗传素质对气质有重要影响,双生子的遗传素质越接近,在气质表现上也越接近。同卵双生子比异卵双生子在气质上要相似得多。可见气质具有天赋性。由于气质与人的神经系统联系密切,因此,和其他心理现象比,气质和遗传的关系更为密切。

有着某种独特气质类型的人,常在不同场合、不同的活动中表现出同样性质的动力特点。例如,一个容易激动的儿童,听课时会沉不住气,会迫不及待地抢答问题;争论时情绪激动;等人时会坐立不安。而一个沉着稳定的儿童,在不同场合下,都会表现出不紧不慢、安详沉静的特点。可见,气质具有相对稳定性。

2. 气质的可变性

关于双生子的研究表明,即使把同卵双生子和异卵双生子分别放在两种不同的生活环境和教育下培养,他们仍然保持原来的气质特点,变化不大。但这并不是说,气质是不可改变的。

在一定的教育影响下,人原来的某些气质特点可以发生变化。气质是不易改变的稳定的个性心理特征,但它并不是绝对不变的。在一定条件影响下可以或多或少地变化,它有可塑性。尤其是某些气质特征,如害羞和乐群,只有在极端情况下,也就是非常害羞和非常外向时,稳定性才较强。环境因素、教育因素、个人的主观努力、年龄等因素都会影响气质发生变化。

有研究表明,"性别、城乡、父母职业、父母文化程度、是否独立子女、家庭教养情况、是否'三好'学生、是否学生干部、受奖惩情况和学业成绩"等 12 种社会因素对儿童、青少年气质发展有影响。研究也发现,随着年龄的增长,个人的气质有其年龄的典型特点,并且随年龄的增长,各种气质类型所发生的变化是不同的。个人的态度、理想和信念对气质的自然表现也有很大影响。不管什么气质类型的人,当他以积极态度对待工作和生活时,都会情绪高涨,意气风发,干劲倍增;如果以消极态度进行活动,则会情绪低落,干劲不足,有厌倦情绪。有高尚情操和远大理想的人,在正确方向指导下,能够发扬气质中的优点,克服弱点。因此,气质是可以改变的,只是这种改变较为缓慢、困难,不易觉察。

幼儿气质发展中存在"掩蔽现象"。所谓"掩蔽现象"就是指一个人气质类型没有改变,但是形成了一种新的行为模式,表现出一种不同于原来类型的气质外貌。如一儿童的行为表现明显地属于抑郁质,但神经类型的检查结果都是"强、平衡、灵活型"。原来,这个儿童长期处于十分压抑的生活条件下,形成的特定行为方式掩盖了原有的气质类型,出现了萎顿、畏缩和缺乏生气等行为特点。由此可见,儿童的气质类型具有相对稳定的特点,但并不是一成不变的,其后天的生活环境与教育可以改变原来的气质类型。

气质的不稳定主要有两个原因:一是儿童的年龄发生变化,从而改变儿童的某些行为表现。如爱哭闹的孩子长大后肯定会安静一些,因为他们知道必须控制自己的行为与情绪。二是环境对儿童气质的影响。父母的养育方式、儿童成长环境等都会影响儿童的气质变化。

(三) 气质学说

关于气质的生理机制,几千年来有许多哲学家、医学家进行了很多探索,提出了很多学说。

1. 气质五行说

我国对气质问题的关注,可以追溯到古代。《黄帝内经》中曾经涉及了不少气质理论。《黄帝内经》根据人体阴阳之气禀赋不同,将人的气质划分为:太阴之人,少阴之人,阴阳和平之人,太阳之人以及少阳之人。此外,还依据五行学将人的气质划分为:木形之人、火形之人、土形之人、金形之人、水形之人。书中进一步将这五种类型的每一种类型划分出一个主型和四个亚型,共得出二十五种类型,不同的类型的人也有不同的肤色、体形和气质特点。这种中国古代的气质分类有一定的科学性,也和后来研究的兴奋和抑制似乎有某些相通之处。

2. 气质体液说

公元前5世纪,古希腊著名医学家希波克拉底认为,不同的人有不同的气质。他认为人体中有来自不同器官的四种体液:血液出于心脏,黄胆汁生于肝脏,黑胆汁生于胃部,粘液生于脑部。个体机体的状态决定了四种体液的混合比例。根据这些体液的混合比例中哪一种占优势,可以把人分为四种类型的气质:多血质、胆汁质、粘液质和抑郁质。血液占优势的是多血质,粘液占优势的是粘液质,黄胆汁占优势的是胆汁质,黑胆汁占优势的是抑郁质。体液说虽然并未被科学研究所证实,但我们在日常生活中确实可以观察到它所描述的四种气质类型。正因为这样,希波克拉底关于四种气质类型的概念一直沿用至今。

3. 气质激素说

伯曼等人认为,气质差异是由不同的内分泌腺分泌的激素决定的,并由此将人分为甲状腺型、肾上腺型、副甲状腺型以及性腺过分活动型。这个学说虽然有一定的事实根据,但现代生理学的研究表明气质的直接生理基础的主导环节主要是神经系统的特性。显然,激素说片面强调内分泌腺对人气质的决定作用是不全面的。但从神经—体液调节来看,内分泌腺的活动对气质的影响也是不可忽视的。

4. 气质体形说

德国精神病学家克瑞奇米尔从生物学观点出发研究气质类型。他认为人的体格和气质有关,并进一步认为,精神病患者与正常人只有量的差别。他按体型划分人的气质,分为肥胖型(躁郁性气质)、瘦长型(分裂型气质)、筋骨型(粘着性气质)。克瑞奇米尔的类型理论,把一切人都归入精神病患者的类型,显然是片面的。

美国心理学家谢尔顿根据个体胚胎具有内、中、外三个胚叶层,把人分成内胚叶型(又称脏腑型)、中胚叶型(又称肌肉骨骼型)和外胚叶型(又称皮肤神经型)。这种划分和克瑞奇米尔的分类的原理基本一致。

气质体型说从生物学的观点出发试图划分气质类型和找出它们生理方面的原因,这有积极的启示作用。但这种理论基本上以临床上的观察材料为依据,忽视了人的体型会因环境、生活、年龄等因素的变化而变更,还有待进一步研究。

5. 气质高级神经活动类型说

对气质的生理基础进行科学探讨,是由巴甫洛夫在大脑两半球皮层工作的研究中开创的。他认为大脑皮质的神经过程(兴奋和抑制)具有三个基本特性:强度、均衡性和灵活性。神经过程的兴奋和抑制强度是指神经细胞和整个神经系统的工作能力和界限。兴奋和抑制的平衡性,是指兴奋和抑制的相对均势或优势;兴奋和抑制的灵活性,是指兴奋和抑制相互转换的速率。

巴甫洛夫认为,神经过程三个基本特性的独特结合形成了高级神经活动的四种基本类型,并且相当于四种气质类型。首先是"强而不平衡型",即兴奋比抑制占优势,以易激动、奔放不羁为特点。巴甫洛夫称之为"不可遏止型"。其次是"强、平衡、灵活型"。兴奋和抑制都有较强,两种过程易转化。它以反应灵活、外表活泼迅速适应环境为特征,故称为"活泼型"。再次是"强、平衡、不灵活型"。这种类型的兴奋和抑制都较强,两种过程不易转化。它以坚毅、迟缓为特征,故称为"安静型"。最后是"弱型",兴奋和抑制都很弱,而且弱的抑制过程占优势。它以胆小、经不起冲击、消极防御为特征,故称"抑制"。巴甫洛夫认为这四种类型也同样适用于人的神经活动类型,并且可用它来解释人的四种气质类型。同时他还指出,纯粹属于这四种类型气质的人在人群中并不占多数,多数人属于两种或三种类型结合的中间型。他预言,除了这四种类型外,还应存在其他未知的神经系统特性和气质类型。

后来的许多研究表明,神经类型并不总是与气质类型相吻合的。气质是心理特征,神经类型是气质的生理基础。气质是高级神经活动类型的心理表现。气质不仅与大脑皮质的活动有关,而且与皮质下的活动以及内分泌腺的活动有关。可以说,整个个体的身体组织都在一定程度上影响着一个人的气质。但巴甫洛夫提出的高级神经活动类型学说为神经活动类型和气质类型的关系勾画出了一个轮廓,对气质的实质做出了较具科学性的解释。他的开创性研究为今后人们进一步探索气质的实质打下了基础。

三、0—3岁儿童情绪与气质发展的意义

(一) 0—3岁儿童情绪发展的意义

1. 0—3岁儿童情绪发展对社会性发展的渗透

幼儿的情绪能通过表情外显而具有信息传递的效能。确切地说,一个人不仅能凭借表情传递信息,而且也能凭借表情传递自己的某种思想和愿望。社会生活的一个基本部分就是准确理解他人的情绪并对此做出适当的反应。同时,完全了解自己的情绪并能够以被社会和他人接受的方式来表达情绪也是非常必要的。幼儿需要发展这种能力,即"适当地应对自己和他人情绪的各种能力"。研究表明,情绪具有信号功能,在社会交往和传递信息方面具有一系列独特的作用。对于幼儿而言,情绪的信号功能主要表现为:

(1) 增强幼儿言语的表达力。在人际交往过程中,表情伴随幼儿的言语,能对言语进行必要的补充、丰富、修正和完善,从而提高说话者的表达能力,帮助他人更好地理解说话者的言语内容。同时,表情具有一定的直观性、形象性,有助于幼儿借以表达一些较为抽象的言语,使听者较容易接受、领会。

(2) 提高幼儿言语的生动性。没有表情的言语,即使是再优美的语言,仍给人以呆板、平淡、缺乏生气和活力的印象。而富有表情的言语,则会使一句极普通的话语顿时被赋予了诱人的魅力。

(3) 替代幼儿言语。由于表情能传递一个人的思想感情,所以在许多场合,它可以单独承担信息交流职能。幼儿,尤其是不足一岁的婴儿还缺乏足够语言表达的词汇和能力。因此,幼儿的情绪能够帮助幼儿和成人以及同伴更好地交流,弥补语言的缺憾。

(4) 超越幼儿的言语。人类的表情发展到今天,已极为丰富,它能比言语更细腻、入微、传神地表达思想感情。即便是婴儿,也能表达多种复杂的情绪。英国著名戏剧家萧伯纳曾说过:"动词'是'有50种表现法,'不'有500种左右的表现法,但这两词的书面形式却都只有一种。两者差异由此可见一斑。"其次,表情比言语更富有真实感。人们在交流时,事实上存在着两个层次上的信息交流,第一个层次是通过言语实现的,第二个层次是通过表情实现的。常言道,"锣鼓听声,听话听音"。这里的"话"是指言语,而这里的"音"即指言语表情。当一个人的表情与言语所表达的态度不一致时,人们往往更倾向于把表情中流露出的态度视为其真正的内心意向,而把言语中表达的态度看作"表面文章"、口是心非之说。可见表情在人际信息交流中又胜言语一筹。例如一个两岁的孩子,看着妈妈离去的身影,脸上露出沮丧和郁闷的表情。当妈妈重新出现时,他先是瞪大眼睛,然后咧开嘴,发出愉快的大笑声,并向妈妈扑过去。

（5）作为幼儿认识事物的媒介。这一现象在婴幼儿中表现得最明显，在成人中也经常发生。如婴儿从一岁左右开始，当面临陌生的、不确定的情景时，往往从成人的面孔上寻找表情信息（鼓励或阻止的表情），然后才采取行动（趋近或退缩），这一现象称为情绪的社会性参照作用。

其实，许多心理学已经发现，情绪能力和社会能力之间不再有明确的界限。哈伯斯塔特、邓斯莫尔和德纳姆等人甚至提出了情感社会能力的概念来描绘这两个概念的重叠。很多研究都发现，处理自己和他人情绪的技巧对于人际交往是非常的。一定的情绪能力是良好的同伴关系的基础。在同伴关系中，声望和友谊在很大程度上取决于儿童是否能够敏感地将他人的情绪与自己的情绪联系起来。社会互动通常也伴随着情绪唤起。幼儿情绪的发展对于幼儿之间以及幼儿与成人之间的互动的顺利进行是非常重要的。

2. 0—3岁儿童情绪发展对认知发展的促进

皮亚杰也认为幼儿情绪的发展与社会的发展是相互作用的，并影响着幼儿的认知发展。他说："儿童的情感和社会的发展遵循着同样的一般过程，因为行为的情感方面、社会性方面和认识方面这三者之间事实上是不能截然分开的。……情感构成行为模式的动作状态，而行为模式的结构则相当于认知机能。"

一方面，没有认识，情绪就无从产生。如当人感觉不到饥渴或疼痛时，不会有痛苦的情绪。而儿童的认识越深入，由此产生的情绪体验就越深刻、越持久、越稳定。"知之深，爱之切"就是这个道理。在认识过程中产生的情绪，又反过来影响幼儿的认识活动，使认识活动具有浓厚的主观愿望的色彩，使儿童对客观事物趋向或回避的反应更明确。正如列宁所说："没有'人的情感'，就从来没有也不可能有人对于真理的追求。"

情绪发展不正常会使儿童的行为能力受到削弱。忧愁、恐惧、过度焦虑或灰心丧气等负面情绪也会降低儿童的行动积极性，妨碍儿童客观地认识事物，使幼儿的活动效率降低。

情绪对认知过程的影响还体现在影响幼儿的注意力集中程度、记忆和学习能力。例如，愉快和痛苦情绪对16—18个月大的婴儿问题解决过程有不同的影响。痛苦强度越大，操作效果越差（孟昭兰 & Campos, 1984）。可见，幼儿的情绪与幼儿认知发展有密切关联。

3. 0—3岁儿童情绪发展对终身发展的影响

人们对情绪能力的关注，某种意义上要感谢20世纪90年代纽约时报记者丹尼尔·戈尔曼的一本畅销书：《情绪智力》。书中强调了促进人的情绪发展的重要性。戈尔曼主张，情绪教育是儿童期要培养的一种至关重要的品质，否则教育就会培养出高智商而低情商的人。

情绪有多重要，弗洛伊德在许多著作中都一再提及。他坚信，情绪障碍会严重干扰人们的生活，并对他们的社会关系造成巨大破坏。他们的精神健康可能会受到损害，应付生活中日常事务的能力也会下降。情绪对一个人的身心健康有增进或损害的效能。情绪的生理特性告诉我们，当一个人发生情绪时，其身体内部会出现一系列的生理变化。而这些变化对人的身体影响是不同的。一般说，在愉快时，肾上腺素分泌适量，呼吸平和，血管舒张而使血压偏低，唾液腺和消化腺分泌适中,肠胃蠕动加强等,这些生理反应均有助于身体内部的调和与保养。但在焦虑时,肾上腺素分泌过多,肝糖元分解,血压升高,心跳加速,消化腺分泌过量,肠胃蠕动过快,这一切又有碍身体健康。倘若幼儿经常处于某种不良情绪状态,久而久之便会影响儿童的身体健康。

从进化的意义上来说,情绪具有适应和生存的功能。幼儿的情绪会影响其组织和调节自己的行为。这是因为情绪对人的行为活动具有增力或减力的效能。现代心理学研究表明,情绪不只是人类实践活动中所产生的一种态度体验,而且对人类行为的动力施加直接的影响。在同样有目的、有动机的行为活动中,个体情绪的高涨与否会影响其活动的积极性,在高涨情绪下,个体会全力以赴,努力奋进,克服困难,力达预定目标;在低落情绪下,个体则缺乏冲动和拼劲,稍遇阻力,便畏缩不前,半途而辍。

幼儿的情绪状态也调节着他们内部的心理过程并影响他们的行为。例如,一个3岁的幼儿在学习骑滑板车。他可以熟练地掌握单脚在地上用力,把车往前滑动的技巧。他感觉充满了成就感,内心满怀喜悦,于是一再练习。相反,如果他总是跌跤,充满胆怯和焦虑,他就可能形成挫折感,甚至放弃练习。

可以毫不夸张地说,情绪发展对儿童一生的健康发展乃至未来的事业成功都有着重要的作用。

(二) 0—3岁儿童气质发展的意义

气质是个体心理活动的稳定性的动力特征,并表现在外部行为上。它在幼儿的认识活动、情绪活动和意志活动中都会有所表现。气质类型既有可能向积极方向发展,也有可能向消极方向发展。那么,气质发展对幼儿有何影响呢?

一方面,气质类型不决定人的社会价值。气质不能决定一个人的行为方向和水平。一个人做什么与怎么做,是由个人的动机、信念价值观等复杂因素共同决定的。任何一种气质类型都有其积极的一面,也有其消极的一面。比如,胆汁质的幼儿容易形成勇敢、坦率、热情、进取等品质,但也容易养成粗心、粗暴、冒失等缺点;多血质的幼儿容易形成活泼、机敏、开朗、善交往、同情心等品质,但也容易形成轻浮、不踏实、感情不深挚、无恒心等缺点;粘液质的幼儿容易形成稳重、冷静、实干、坚忍不拔等品质,但也容易变得冷漠、固执而拖拉;抑郁质的幼儿容易形成细心、谨慎、自爱、谦让、温和、有想象力等品质,但也容易出现怯懦、多疑、孤僻、无自信等缺点。可见,气质本身并无"好"、"坏"之分,任何一种气质类型的人,既可以成为品德高尚的人、有益于社会的人,也可成为道德堕落,有害于社会之人。因此,气质类型本身不能从社会意义上评价其好坏,各种气质类型的幼儿都可以成为品学兼优的人才。但是,每一种气质类型都存在着有利于形成某些积极或消极的性格品质的可能性。教师掌握了这一点,就可以在了解幼儿气质类型之后更有预见性、针对性地去帮助各类幼儿发展积极的品质,防止或克服消极的品质。

另一方面,气质不决定人的成就和智力发展水平的高低,气质特征只能影响智力活动的方式,使智力活动带有一定的色彩。在同一实践领域有成就的人物当中,可以找出不同的气质类型的代表;在不同的活动领域中的杰出人物里,也可以找出不同的气质类型的代表。可见,任何一种气质类型的人,都有可能成为本领域的专家,也可能一事无成。

在各种实践领域中,气质虽不起决定作用,不决定人的社会价值和智力发展水平,但并不是毫无意义的。不同的气质类型对儿童有着重要的影响,具体体现为:

1. 0—3岁儿童气质发展对其情绪发展的影响

气质作为一项有生理基础的个性表现,对个体冲动抑制能力和情绪反应强度等特征都有明显的影响。调节情绪的能力,对于一些幼儿来说,比另一些幼儿更难获得。外向、内向、神经质等特征都会影响个体的情绪体验。

如果幼儿的气质特点得到适当引导,可以帮助幼儿调节与控制自身的情绪,并促进他们的社会能力的发展。

2. 0—3岁儿童气质发展对其身体健康的影响

气质也会直接影响幼儿的身体健康,这是因为不同气质类型幼儿的生理特点及其适应环境的能力是不同的。不同的气质类型的个体对于不同意义的刺激有不同的敏感性倾向,也容易形成明显不同的情绪倾向。在特殊情绪或较强刺激下,承受能力的限制会导致适应障碍。如根据临床观察,极端的胆汁质和抑郁质是神经症或精神病的主要候补者。过度紧张和长期疲劳,会使胆汁质者的抑郁机能更弱,神经衰弱发展严重会成为躁狂抑郁症。而难度较大的任务和不幸的遭遇会使神经过程本来脆弱、易受暗示的抑郁质者出现极端自我暗示和情绪化的歇斯底里,或发展为精神分裂症。所以对极端胆汁质和抑郁质类型的幼儿需要给予特别的照顾。

美国得克萨斯大学的科学研究人员证实,在紧张状态心理失衡的情况下,人体防御机制的免疫功能会降低,从而导致疾病入侵。美国的路森曼和弗里德曼研究了心理特征和心脏病发病的关系。他们把一些特点归属为A型性格的人,这样的人说话与行动节奏快(性急)易动肝火,缺乏泰然自若的态度,争强好胜,充满失落感和懊丧情绪,总是迫使自己处于紧张状态。A型性格是诱发心脏病的重要因素。据美国全国心、肺和血液研究所的调查,具有A型心理特征的人患心脏病的比率高达98%以上。可见,气质发展与儿童的身心健康有直接的联系。

3. 0—3岁儿童气质发展对其学习方式的影响

不同气质特点的幼儿对环境刺激有不同的适应性,因此不同的气质类型的幼儿对环境有不同的选择和反应倾向。这些气质类型也会影响幼儿现在和未来的学习方式。

例如,如果提供两种读书的地方,一种是安静的没有别人来打扰的隔离的单间,一种是可以和别人交流的大房间。调查发现,内向型个体喜欢安安静静地一个人看书,外向型个体喜欢有机会与人交流,也喜欢周围有一些声音。如果周围太安静了,外向型的人反而会不适应,外向型个体在安静的环境里难以集中注意力,除非学习内容特别有趣。

4. 0—3岁儿童气质发展对个体未来发展的影响

不同气质类型特点的人在适应和组织自身活动时,有其独特的适宜性,因此会使个体的工作风格打上其气质的色彩。幼儿早期的气质发展会对儿童一生的发展产生重要影响。例如,不同气质特点对延续性刺激也具有不同的适应性,因此不同气质类型的成人对于工作的时间安排有不同的方式。多血质气质类型的个体喜欢长时间地进行同样一种内容的任务,粘液质则能坚持长时间地工作。胆汁质和多血质类型的人,更适合于要求迅速、灵活反应的工作,粘液质和抑郁质类型的人,更适于要求细致持久地工作。

对一般性的任务,气质类型对工作效率的影响并不显著,也就是说不同气质类型者的最终工作效率可以差不多,因为每一种气质类型的不足可以通过另一方面的优势来补充。如粘液质个体的速度缓慢可以通过耐心细致来弥补。正是这种补偿作用,气质在一般的工作中显示不出有什么影响。但对某些特殊的工作和职业,就对气质有特殊的要求,如宇航员、飞行员、从事大运动量项目的运动员等,需要有胆有识、较强的抗干扰能力,如果不具备这些特点,就难以有效完成本职工作。因此,在这些领域内更有必要把气质测定作为选拔胜任该项工作人才的一个标准。

幼儿气质类型的不同特征的存在表明幼儿在许多方面会受到自己气质类型的影响。因此,作为成人,要能够区分幼儿的气质类型,找出幼儿的气质特点,并给予适当的引导,帮助幼儿在日常的生活中主动进行选择与调整,扬长避短,形成有效的个人风格。

第二节　0—3 岁儿童情绪发展与教育

幼儿的情绪发展具有个体差异,他们的情绪智力可以通过适宜的教育策略得到培养与发展。情绪智力(emotion intelligence)就是指个体监控自己及他人的情绪,并识别利用这些信息指导自己的思想和行为的能力。情绪的发展首先需要婴幼儿能够准确地识别、评价和表达自己和他人的情绪;其次,能够适应性地调节和控制自己和他人的情绪;最后,儿童学习适应性地利用情绪信息,以便有计划地、创造性地激励行为。

早期的研究往往低估了婴幼儿的能力,包括弗洛伊德、皮亚杰、斯金纳等心理学家,都认为婴儿不具备吸吮之外的太多能力。但过去三十年的研究发现,即便是新生儿也已经有了某种关注和模仿他人的倾向。婴儿在情绪能力上也表现出让人惊讶的早熟,似乎他们与生俱来就有了某种情绪知识或先天情绪机制。总的说来,0—3 岁的幼儿已经能够识别和表达很多复杂的情绪。

一、0—3 岁儿童情绪识别发展特征

幼儿能够区别不同情绪的最有力证据来自对幼儿面部表情的研究。菲尔德等人(1982,1983)进行的研究表明,一个三天大的孩子已经可以模仿成人做出的高兴、伤心和惊奇的表情。许多研究者相信,婴儿对情绪表情具备早期的敏感性,很早就能够识别和模仿成人的面部表情。

如菲尔德和同事(1982,1983)进行的几项研究表明,一个三天大的婴儿已经可以模仿成年人高兴、伤心和惊奇的表情。

克林勒特和坎波斯(1983)指出,儿童识别情绪的能力是逐步发展起来的。他们将1岁前婴儿识别表情的水平分为四个阶段。

阶段1:无面部知觉(0—2个月)。新生儿对面部表情的识别能力还没有形成。这时,婴儿还不能接受或理解成人给予的情绪信息。

阶段2:不具备情绪理解的面部知觉(2—5个月)。两个月时,婴儿已经能够知觉到成人的面部表情,并作出一定的情绪反应。但此时婴儿还不能正确理解成人面部表情的意义。他们可能会对成人的忧愁或微笑都报以同样的反应。

阶段3:对表情意义的情绪反应(5—7个月)。这时婴儿可以对不同的正、负面情绪做出相应的反应。他们可以更加细微地察觉成人面部表情的变化。

阶段4:在因果关系参照中应用表情信号(7—10个月)。快1岁时,婴儿可以学会鉴别他人的表情,并影响自身的行为。

许多研究者质疑婴儿的表情识别能力,但许多研究者也相信,婴儿对情绪表情具备早期的敏感性。对于婴儿理解或解释面部表情的能力,心理学家称之为社会性参照。当幼儿能够识别不同的面部表情之后,他们就开始具备用情绪进行信息交流的可能性。如一个婴儿遇到不熟悉的情境或物体时,不能够做出确定的反应。于是婴儿试图从熟悉的照料者脸上寻找线索,以决定自己的行动。成人的情绪这时会成为婴儿情绪的参照,并引发一系列的行为。

吉布森和沃克发明的"视崖"实验也可以说明情绪的社会性参照作用。视崖装置的组成包括一张1.2米高的桌子,顶部是一块透明的厚玻璃,桌子的一半(浅滩)是用红白格图案组成的结实桌面。另一半是同样的图案,但它在桌面下面的地板上(深渊)。在浅滩边上,图案垂直降到地面,虽然从上面看是直落到地的,但实际上有玻璃贯穿整个桌面。在浅滩和深渊的中间是一块中间板。

有实验者将12个月大的婴儿作为被试,并让这些婴儿的母亲也参加了实验。每个婴儿都被放在视崖的一侧,母亲在另外一侧呼唤自己的孩子,并用玩具吸引孩子爬过来。一半的母亲面带微笑呼唤,而另外一半母亲面带恐惧。结果,母亲面带微笑的一组,婴儿大部分爬过了悬崖。而母亲面带恐惧的一组没有一个婴儿爬过来,并且也流露出害怕的神情。可见,婴儿不仅读出了母亲的面部表情,而且正确地解读了这些表情。

婴儿情绪的社会性参照能力大约在6个月大时就明显出现,并伴随儿童一生。可以说,社会性参照能力对幼儿一生的发展都有着重要的作用。

二、0—3岁儿童情绪表达发展特征

儿童从降临人世开始,就开始萌发了一系列的心理活动和情绪现象。当婴儿希望得到某个玩具或要睡觉、要食物、要拥抱时,在他们害怕、惊奇、厌烦或满足时,他们都会让了解他们的成人知道。即便他能说的只是"啊啊"或"咿咿呀呀"。那么,小婴儿如何表达自己的情绪呢？行为主义心理学家华生认为,新生儿已经存在至少三种非习得性情绪——爱、怒和怕。不过,第一个尝试科学记录儿童的情绪行为并解释其起源的荣誉,应该属于达尔文。他在19世纪对自己的婴儿的观察直到今天也具有很高的参考价值。

当你看到一个婴儿的眼、眉、唇、脸颊、手指等动作的变化,你知道他想"说"什么吗？你能否读懂他的表情语言？你知道婴幼儿已经具有多少种情绪类型了吗？依扎德(Carroll Izard)和她的同事曾经通过拍摄婴幼儿对不同事件的反应,来研究婴幼儿的情绪表达。依扎德等人通过拿走婴幼儿的玩具,或和妈妈分别后重逢等情境中,观察婴幼儿的情绪反应,发现了婴幼儿已经能够针对不同的事件,用各种面部表情来表达比较复杂的情绪。

婴儿最初表达的情绪包括愉快和不愉快。愉快的情绪来自生理需要的满足。不愉快的情绪来自生理需要未获得满足或其他不适。有研究者通过21位婴儿的表情照片,总结了婴儿的表情。研究发现,婴儿"第一年的基本情绪包括了愉悦、兴趣、惊奇、悲伤、厌烦、生气、嫌恶、惧怕、痛苦"。例如,在表示厌恶时,婴儿的眉毛下垂,上眼睑也下垂,以致眼睛睁开较小,鼻子变皱,脸颊上扬、下唇上扬或伸出。

随着年龄的增加,孩子的情绪会越来越复杂。心理学家对500名婴儿进行了观察,发现婴儿从满月到3个月末,已经有了欲求、喜悦、厌恶、愤怒、惊惧和烦闷等至少6种情绪反应。最初的微笑可以说是生理需要得到满足的自然反应,称为自发性微笑。3—4周起,婴儿开始出现无选择的社会性微笑。5—6个月起,渐渐的,婴儿的微笑也具有了社会性,甚至影响成年人。当看到妈妈的面孔,婴儿会发出开心的笑声,吸引妈妈的注意力。这种有选择的社会性微笑会增强婴儿和养护者之间的依恋。

7—12个月的婴儿会出现几种明显的害怕,最典型的就是陌生人恐惧,即怯生。研究表明,怯生与依恋不同,它既不是不可避免的,也不是普遍存在的。对陌生人的害怕取决于多种因素,如陌生人的行为特点、幼儿所在的环境等等。研究还发现,不可预期的事件比可以预期的事件更可能让幼儿害怕。

10—12个月的婴儿会用哭泣表示很多复杂的情绪,如同情、拒绝、排斥、恐惧、倔强……到2岁时,幼儿已经能够初步表达如嫉妒、内疚、害羞、妒忌、自豪等复杂的情绪。语言能力的获得是幼儿表达自己情绪时一个质的飞跃。从此,他们不仅限于用面部表情来表达情绪。幼儿情绪的深刻性将不断增强,而且更加具有稳定性。

三、0—3岁儿童情绪教育的主要策略

心理学的研究发现,幼儿情绪智力或情绪调节能力的发展存在这样一些普遍趋势：

1. 幼儿情绪调节的方式随自身运动能力的发展而发展。最早的情绪调节可能仅限于吸吮手指之类的身体自慰行为。随后,婴儿可以采取控制视觉注意的方式,回避眼神来调节情绪。当婴儿能够爬行或行走时,他们则多采用接近或回避的方式来调节情绪。

2. 幼儿情绪调节的能力随自身社会认知能力的发展而发展。如果婴儿错误识别了他人的情绪,就会作出错误的反应。

3. 幼儿将日益成熟,逐渐学会用一些认知策略来自我调节情绪。情绪的发展与年龄的增长有密切联系。

通过这些普遍趋势的分析,我们可以坚信幼儿的情绪调节能力和情绪智力都是可以通过有效的教育和学习而得到发展与改善的。在对0—3岁儿童进行情绪教育时,幼儿与教养者之间不仅有认知方面的信息传递,而且也有着情感方面的信息交流,形成一个涉及父母或抚养者和婴幼儿在理性与情绪两方面的动态的人际过程。重视0—3岁儿童的情绪教育,促进幼儿的社会化发展和认知发展,也是父母或抚养者不可忽视的一个重要方面。

结合幼儿的情绪发展特点,0—3岁儿童的情绪教育包括以下主要策略:

(一)正确解读儿童的情绪语言

帮助婴幼儿情绪发展的首要前提,是成人必须能够识别他们的情绪"语言",成为孩子表情的"诠释者"。如前所说,情绪与认知过程有着密切的联系。成人需要密切关注孩子的情绪发展,避免让婴幼儿发展为一个退缩型、冷漠型、孤僻型或焦虑型的儿童。一个情绪不稳定、性格懦弱、缺少自信的幼儿会缺乏适应性,不能很好地适应未来的生活和挑战。只有认真观察幼儿的情绪识别能力和表达能力,并给予及时的反馈与引导,才能够帮助幼儿健康、快乐地成长。

医学博士桑格认为,婴儿最早的沟通方式中,安静灵活是一种最佳状态。在这种放松、灵活的状况下,婴儿能够接纳新事物,看起来有兴趣,呈现一种沉静的喜悦状态。桑格认为,不管你在做什么,如果婴儿呈现了这种安静灵活状态,就保持现在的做法,而不要用梳头、换尿布或强行亲吻来打断婴儿。甚至如果成人在这个宝贵的时刻去打电话或离开,就等于失去了婴儿情绪发展的最佳时机。

成人如何可以识别幼儿的情绪"语言",成为孩子表情的"诠释者"呢?首先,要心平气和地观察婴幼儿,看孩子的动作、表情。注意婴幼儿的手、脚、肩膀和脸部,而不是仅仅看着孩子的眼睛。脸部的一切特征,如眉毛、脸颊、嘴唇等都是他们表情说话的地方。同时要注意,所有的婴幼儿都有自己的表情语言风格,要观察不同孩子的表达特点。

成人还可以通过各种测量手段来了解儿童情绪的发展水平。心理学家通过生理测量、表情测量、主观体验测量等方式,来测量儿童情绪的发展。婴幼儿情绪测量的第一个方法是生理测量,即记录婴幼儿生理功能的变化,如心率加速或减缓、脑电图等。第二种主要方法是艾克曼等人发展起来的表情测量法,即分析儿童的面部表情和声音。第三种常见的测量方法是主观体验测量,即评价儿童对自己或他人情绪的解释。后者显然只能在幼儿掌握了语言这项工具之后才可能进行。

（二）回应性的语言交流与游戏

随着语言的发展，幼儿的理解能力不断进步，开始学习"难过"、"开心"等词汇，掌握这些"情绪标签"。能够谈论情绪意味着幼儿能够思考情绪、讨论情绪。"那个小宝宝哭了，为什么呢？""因为他跌了一跤，很疼……"随着言语的发展，幼儿将逐渐能够预测他人的心理，调节自己的情绪。劳伦兹以动物的印刻现象验证了关键期的存在。他认为，儿童情绪发展也存在着一个发展的"敏感期"。婴儿的社会性微笑被看作是这一关键期的开始，而成人的积极回应有助于帮助幼儿更好地发展情绪。弗洛伊德的精神分析理论也非常强调父母和婴儿之间的关系，并将他们之间的相互作用看成是情绪发展的基础。如果父母或养护者能够用语言积极回应幼儿的情绪，将有助于引导幼儿情绪的健康发展。

比如，一个幼儿清晨起床后流露出不快的神情。母亲看见了，立刻温和地问孩子："宝贝，你怎么了？为什么看起来不开心的样子？"孩子说："我不想你去上班。""为什么呢？""因为我想和你玩。"母亲耐心地解释了自己为什么要去上班的理由，并给孩子一些有趣的玩具和图书让他在家和奶奶一起玩。孩子渐渐露出了微笑。母亲的引导和积极回应使孩子能够识别自己的情绪类型，并在母亲的帮助下寻找解决消极情绪的方法。

许多学者通过操作条件联系来引发情绪的做法也获得了成功。例如，主试和婴儿一起游戏并等待婴儿微笑。当婴儿微笑时，主试就以微笑回应婴儿，并拥抱婴儿，和婴儿说话。持续的训练可以使婴儿的微笑次数增加。行为主义心理学家华生还通过实验表明，情绪可以通过条件反射获得，也可以通过经典条件作用而消除。

此外，心理学家皮亚杰认为，在三个领域中，儿童的社会化事实非常明显，这就是有规则的游戏、团体活动和语言交流。无疑，按照他的观点——社会化过程与情绪发展过程是无法分割的——我们可以把这三个领域也理解为情绪发展的重要途径。尤其是游戏，皮亚杰称之为"认识的兴趣和情感的兴趣之间的一个缓冲地区"，其高峰是象征性游戏。

的确，许多游戏可以帮助幼儿识别和表达情绪，如"哭脸和笑脸"的游戏。成人可以和孩子玩变脸的游戏。成人用手捂住脸，然后说"笑脸"，把手移开，露出微笑的表情。在幼儿掌握游戏规则后，由成人发出指令，幼儿来做出相应的表情。这样，幼儿很快就明白了不同表情的面部特征，并能够有效地识别他人的表情。

（三）提供情绪观察学习与社会交往的机会

情绪发展的生态学理论强调儿童的社会交往对其情绪发展的作用。幼儿通过丰富的社会交往，会有利于他们情绪的发展。幼儿的情绪发展会受到社会文化习俗的影响，如南美一个印第安部落将凶猛视为一个重要的优良品质，并通过非常暴力的方式来抚养儿童。显然，幼儿很快就会习得这种暴力模式,并模仿成人来粗暴地发泄自己的情绪。不同的文化会影响儿童的情绪模式,例如,爱斯基摩人不赞成以任何方式表达愤怒。因此,他们很重视疏导儿童的负面情绪。这样做的结果是,从幼儿期开始,爱斯基摩人同伴群体中的暴力行为就惊人地少见。

班杜拉认为儿童可以通过观看他人对情境刺激的反应使自己获得相应的知识、行为或情绪反应。因此,儿童的情绪可以通过观察而学习到,这也是因为情绪具有感染性。当一个人产生某种情绪时,不仅自身能感受到相应的主观体验,而且还能通过表情外显,为他人所觉察,并引起他人产生相应的情绪反应,这种现象称为移情。当一个人的情绪引起另一个人完全一致且有相当强度的情绪时,我们称之为情绪的共鸣。其实,这就是最典型、最突出的移情现象。心理学研究表明,人与人之间的情绪存在相互影响。情绪的这一功能为情绪在人际间的交流、蔓延提供可能性,使个体的情绪社会化,同时也为影响、改变他人、达到情绪控制方面的效果,开辟了一条"以情育情"的途径。

1周岁末时,婴儿就开始表现出社会参照,在面临新颖且不确定的课题或情境时,他们将看着成人并根据信赖的成人,如母亲的表情做出反应。费曼(Feinman,1982)在实验情境中也发现,面对一个不熟悉的人或物体时,1岁大的婴儿会看着妈妈,观察妈妈的反应,然后表现出相似的反应。如果妈妈看起来很愉快或很平静,孩子也可能做出积极的情绪反应。相反,如果妈妈表现得紧张或慌乱,孩子也会变得警惕并且退缩。可以说,幼儿是在成人的解释和示范下,逐步学会了解一定的情境,并形成特定的情绪反应的。父母或抚养者自身的情绪表达与识别对婴幼儿具有潜移默化的作用。

美国心理学家鲍德温在研究了73位父母或抚养者与100名婴幼儿的相互关系后指出,一个情绪极度紧张的父母或抚养者,很可能会干扰其孩子的情绪;而一个情绪稳定的父母或抚养者,也会使他孩子的情绪趋于稳定。摩西等人(Moses, Baldwin, Rosicky, & Tidball, 2001)的一项研究表明,1周岁后婴儿开始对他人情绪表现的客体指向性做出反应。这时,婴儿已经可以利用视线,确定某一成人情绪所指向的特定客体,并依赖成人的情绪来调节他们自己的行为。

在幼儿情绪发展的过程中,成人自身的情绪特质和特点将对幼儿产生巨大的影响。父母或抚养者的情绪自我调控对幼儿的情绪发展具有特别重要的意义。这是因为父母或抚养者的情绪随时随地影响婴幼儿的情绪,起着极为重要的调控作用。有不少父母或抚养者没有意识到这一问题的重要性,对自己的情绪由着兴致、不加调控,有的还故意绷着脸,表现出"冷静"、"沉着"、"严厉"的态度,这都会影响婴幼儿的情绪,产生消极效果。正确的做法是,成人在和幼儿的交往过程中要始终调控好自己的情绪,处于饱满、振奋、愉悦、热忱的状态,以感染婴幼儿情绪,为婴幼儿创造最佳的情绪背景。

(四) 建立安全型依恋关系

依恋是指个体对另一特定个体的长久持续的情感联接。如果幼儿能够和抚养者之间建立健康的安全型依恋关系,将有助于幼儿情绪的健康发展。马克思曾经说过"用爱来交换爱"。教育实践证明,幼儿与养护者之间具有良好的情感基础是教育成功的前提。情绪具有强烈的感染性,父母或抚养者对婴幼儿真挚的爱,会激发婴幼儿对父母或抚养者的信任感、亲切感,从而使幼儿的情绪得到良好发展。父母或抚养者的爱也是婴幼儿获得积极体验的重要来源。婴幼儿取得进步时能得到父母或抚养者的及时肯定和表扬,碰到困难时能得到父母或抚养者的关心和帮助,这些都会引起婴幼儿获得高兴、感激等体验。

当成人由于种种原因自己情绪不佳时,更要以父母或抚养者的责任感和敬业心调控自己。正如马卡连柯所说:"从来不让自己有忧愁的神色和抑郁的面容。甚至有不愉快的事情,生病了,也不在儿童面前表现出来。";"光爱还不够,必须善于爱。"给婴幼儿一道友好的目光,对其名字的一声亲切呼唤都会产生爱的魅力。爱孩子,不让自己在孩子面前流露冷漠、厌烦、反感等消极情绪,是每个父母和幼儿抚养者都应该做到的基本要求。

(五) 提供儿童情绪宣泄的渠道和健康成长的环境

每个个体在生活中都可能遇到冲突与挫折,从而出现一些不良的情绪反应。成人应该给予幼儿发泄情绪的机会,以免负面情绪积压,导致更严重的困扰。

此外,父母要提供一个和谐的家庭环境,可以让幼儿健康成长。愉快、和谐的生活和健康的身体可以促进幼儿情绪的良好发展。当幼儿在生活中遇到前所未有的新情境,如搬家、上幼儿园等时,成人要能够帮助孩子进行疏导,使幼儿积极适应新环境,以免产生不良情绪。

专栏　3岁幼儿能有同情心吗?

托儿所里,3岁的妞妞在玩她最喜欢的一个玩具娃娃。在她的身边,3岁的子豪正在大哭:"妈妈! 我要妈妈!"老师试图安慰子豪,但没有用。子豪继续哭泣,显得很伤心。妞妞看了看子豪,犹豫了一下,把手里的玩具娃娃递给子豪,小声说:"别哭了,给你玩吧。"子豪使劲推开娃娃,继续哭泣。妞妞默默看了他一会儿,低头继续玩她的娃娃。而在另一个场景里,1岁的瑞瑞也听到身边的幼儿在哭泣,他皱眉倾听了几分钟,忽然嘴一咧,自己也放声大哭起来。妞妞和瑞瑞,谁更加富有同情心呢? 或者说,3岁甚至3岁以下的幼儿具有同情心吗?

其实,产生同情心的基础是幼儿具备移情的能力。移情是一种既能分享他人情感,对他人的处境感同身受,又能客观理解、分析他人情感的能力。幼儿时期的移情能力的发展要经过几个特殊的阶段:

1. 0—1岁的幼儿对他人情绪的反应是比较笼统的,绝大多数是从自身的感受和体验出发。例如:听到其他婴儿的哭声,自己也会跟着哭起来,这是由于他们想起了自身的经历,甚至有的婴儿认为那个哭声就是自己发出的。同时,他们也仅仅对他人较强烈的情绪有反应。

2. 2—3岁的幼儿移情特征开始从"自身的体验出发"向"对他人情感产生共鸣"过渡。看到别的孩子受到责罚,他们会感到很难过;有些甚至还会以模仿他人的方式向对方表示安慰。但由于"自我中心"的发展特点,他们识别、判断、体验他人情感的能力不够,容易受外界刺激或别人情绪的影响,所以,他们的移情大多还保留在模仿阶段。

3. 3岁以上的孩子开始走出自我中心,对他人情感的理解能力更强,能从"表情"来辨别和理解各种情绪,并能通过一定的方式来取悦他人,获得满足。如,通过经验积累和良好教育,孩子能理解爸爸妈妈很辛苦,并做出给大人倒水、帮大人做事等举动。同时,开始跳出自己的经验与体验,主动从他人的角度出发,做出一定的情绪反应。

幼儿的同情心和移情能力虽然会随着年龄增长逐渐发展,但成人有意识地引导与教育会帮助幼儿发展与形成同情心。

首先,在培养幼儿同情心的过程中,不能忽视家庭教育的影响。由于家长和幼儿之间具有密切的情感依恋,家长又是幼儿认同、模仿的主要对象,所以家长的一言一行会在幼儿心灵深处产生深刻的印象。对幼儿进行同情心培养的关键在于激发幼儿的同情情感,并要求家长对周围的人施以同情、关心、爱护,日久天长,让这种无声的默默教育在孩子心灵中产生影响,渐渐形成关心他人的行为。家长要在日常生活中教导孩子逐渐体会到关心他人的意义,运用一些具体的事例去激发孩子的同情情感,让幼儿经常做一些关心他人、施以爱心的行为,进行行为训练。

其次,教师要对幼儿进行适当地引导。老师要能向教育对象适当地表达情感,如,一些小捣蛋让老师头疼不已,这时,老师可以让孩子们安静下来,告诉他们:"老师现在很生气,因为有些小朋友让老师很伤心!你们说该怎么办?"孩子在知道老师为什么生气后,就能理解老师的行为和动机。老师还要做幼儿情绪的聆听者,认真、耐心地引导他们把自己的心情表达出来。如果孩子觉得自己被认可、被重视了,自信心会增强;反之,则会产生自卑心理,不利于移情技能的获得。情感的相互倾诉能让幼儿明白:当你身处困难或烦恼时,都会得到理解和帮助,走出困境。教师还可以有意识地引导孩子通过观察故事图书、动画片中的人物表情和身体动作等,结合故事的情景判断人物的内心感受,帮助幼儿了解人物当时的情感体验,逐渐理解不同情景下人们会有不同感受。此外,教师还可以根据不同的生活事件,引导幼儿描绘自己在该事件发生时的感受,从分析自己来判断别人此时内心的情感体验。幼儿还要学会有关情感的词汇,如"高兴"、"愉快"、"乐滋滋"、"伤心"、"悲哀"、"讨厌"、"喜欢"等,并学习在什么情况下合理运用它们,将自己的情感表达出来。以上策略,都会有效地培养幼儿的同情心和移情能力,促进幼儿情绪的健康发展。

第三节　0—3岁儿童气质发展与教育

一、新生儿气质类型理论

新生儿气质类型是指在一类新生儿身上共有的或相似的典型气质特征或有规律的结合。托马斯和切斯等对新生儿的研究发现,婴儿在出生后几周内就表现出明显的个体差异。有的孩子很容易哭泣,有的则比较安静;有的很容易抚慰,而有的则需要好久才能安静下来。托马斯、切斯等人通过"纽约追踪研究"(1963,1977)对138名被试进行了从出生到成人的长期追踪,得出了"婴儿期的初级反应模式"。通过对父母的报告进行归纳分析,托马斯等确定了婴儿气质的九个维度,将其命名为活动水平、节律性、趋避性、适应性、反应阈限、反应强度、心境、分心性和注意广度。从这些维度出发,托马斯和切斯提出了新生儿气质的三种类型:容易教养型儿童、难教养型儿童和慢热型(缓慢活跃型)儿童。

易教养型儿童。这种儿童情绪好,饮食与睡眠比较有规律,较少产生不安情绪,较少哭闹,容易安抚,并且对陌生的人和环境有较强的适应能力。

难教养型儿童。这种儿童表现为饮食与睡眠不规律,喜欢哭闹,并且不容易安静下来。他们害怕与陌生的人和环境接触,对自身和外界刺激的反应过于强烈。

慢热型(缓慢活跃型)儿童。这类儿童的特征介于上述两型之间,他们的反应较慢,不够活泼、内向,对新鲜事物倾向于退缩。但随着孩子的长大和经验的增加,他们对事物的反应和活动都会逐渐增强。

难教养型儿童存在较多"气质危险因素",有可能对身心发展构成威胁。但是应该指出,幼儿的气质并非是导致心理和行为问题的前提条件。如果成人善于运用适当的教育方法加以引导,可以改造幼儿气质中的弱点和缺陷。难教养型儿童可以不出现适应性不良问题。反之,如教育不当,容易教养型儿童也可能出现行为异常。例如,如果一位母亲具有较强的责任和科学的育儿方法,即便她的孩子是难教养型的,也可以通过母亲坚持不懈的努力,修正孩子气质中的弱点。反之,儿童则在成长中可能遇到一系列的问题。

心理学家正在研究气质类型的奥秘,关于气质类型的划分是多种多样的。托马斯对新生儿气质的分类相对比较简单。克里(Carey)在托马斯新生儿气质分类的基础上,又增加了"一般偏难型儿童"和"一般偏易型儿童"两种。此外,人们还广泛熟悉从古希腊沿袭下来的四种气质类型的划分,即胆汁质、多血质、粘液质和抑郁质。

胆汁质:胆汁质又称不可遏止型,属于兴奋热烈的类型。具有这种气质类型的幼儿感受性较弱,耐受性、敏捷性、可塑性较强,兴奋比抑制占优势。在行为表现上,这类幼儿常常反应迅速、行为敏捷,在言语、表情、姿势上都有一种强烈的热情,在克服困难上有坚忍不拔的劲头。胆汁质幼儿的智力活动具有极大的灵活性,但在理解问题上有粗枝大叶不求甚解的倾向。

多血质:多血质又称活动型,属于敏捷好动的类型。这种气质类型的幼儿具有很强的耐受性、兴奋性、敏捷性和可塑性,反应速度快,感受性较弱。情绪易表露,也易变化,较敏感。在行为上,这种气质类型的幼儿热情、活泼、敏捷、精力充沛,适应能力强。他们思维灵活,主意多,常表现出机敏的动作能力和较高的学习效率,对外界事物有广泛的兴趣,个性具有明显的外向性。多血质幼儿更加容易适应新环境,喜欢并且擅长交往,但情感不够细腻。

粘液质:粘液质又称安静型,属缄默而沉静的类型。这种气质类型的幼儿感受性弱,敏捷性、可塑性、兴奋性也弱,但耐受性强。这种气质类型的幼儿行为表现为缓慢、沉着、镇静、有自制力、有耐心、刻板、内向。他们不易接受新生事物、不能迅速地适应变化了的环境,与同伴和其他人的交往适度、情绪平稳。粘液质幼儿似乎更加喜欢沉思,有时比较犹豫不定。

抑郁质:抑郁质又称弱型,属呆板而羞涩的类型。这种气质类型的幼儿感受性很强,往往为一点微不足道的事而动感情,耐受性、敏感性、可塑性、兴奋性也都很弱。他们的行为表现为孤僻,动作缓慢,很少表现自己,尽量摆脱出头露面的活动,避免同陌生的、刚认识的人交际。在新的环境下,他们容易惶惑不安,在强烈和紧张的情形下容易疲劳,在熟悉的环境下表现很安静,动作迟缓、软弱。抑郁质幼儿非常敏感,情绪体验方式少,但体验深刻、强烈而持久且不显露。

上述四种气质类型的人在同一环境中,表现出不同的心理状态和行为特点。对此前苏联心理学家 A. H. 达维多娃曾有过精彩具体的描述:四个人去剧院看戏,都迟到了 15 分钟。胆汁质的人与检票员争吵起来,想闯入剧场;多血质的人对检票员的做法很理解,但随即又找到了一个没人检查的入口进剧场,安心看戏;粘液质的人很理解检票员的做法,并自我安慰"第一场戏总是不太精彩,先去小卖部买点吃的休息一下,等幕间休息再进去不迟";抑郁质的人早就对自己的行为很后悔,认为这场戏不该看,进而想到:"我运气不好,如果这场戏看下去,还不知要出什么麻烦呢!"于是扭身回家去了。

当然,应当指出的是,并不是所有的幼儿都可按照四种传统气质类型来划分,只有少数幼儿是四种气质类型的典型代表。大多数个体不过是近似于某种气质,同时又与其他气质结合在一起。有些幼儿的气质既不属于上述四种气质中的某一种,也不是某几种气质的结合,是介于各种类型之间的中间类型。总之,在判断新生儿的气质类型时,并不是要把他归入某一种类型,而主要是观察和测定构成其气质类型的各种心理特征以及构成气质生理基础的高级神经活动的基本特性。

二、儿童气质类型的评估

哪种气质测量的方式对幼儿来说是最好的?这个问题一直在争议当中。幼儿气质研究中最主要的两种方法是父母的报告和观察。托马斯和切斯在研究中对幼儿气质的九个维度进行了研究，其中包括幼儿的活动水平、节律性、趋避性（探究和退缩）、适应性、反应阈限、反应强度、心境、分心性、注意广度和持久性。评价的具体内容和含义见表3-1：

表3-1　幼儿气质评估的维度与含义

维　度	含　义	例　子
活动水平	活动时间与不活动的时间的比例。	有的婴儿喜欢动，而有的婴儿更加安静。
节律性	身体功能的规律性。	有的婴儿饮食与睡眠较为规律，而有的婴儿没有规律性，难预测。
趋避性（探究和退缩）	对新事物和陌生人的反应。	有的婴儿喜欢新食物，能够对陌生人微笑，而有的婴儿更加哭闹和退缩。
适应性	幼儿适应环境变化的难易程度。	有的婴儿喜欢新事物，而有的婴儿更加退缩。
分心性	外部刺激改变行为的程度。	有的婴儿容易被抚慰，给他一个玩具就可以很快停止哭泣，而有的婴儿很难安静下来。
注意广度和持久性	专心于一项活动的时间。	有的婴儿能够长时间地玩新玩具，而有的婴儿更加容易失去兴趣。
反应阈限	唤起一个反应所需要的刺激强度。	有的婴儿更加敏感，微小的变化就会引起他们的注意，而有的婴儿则给予忽略。
反应强度	反应的能量水平或剧烈程度。	有的婴儿喜欢大哭或大笑，而有的婴儿表现比较适度。
心境	友好、愉快的行为数量。	有的婴儿经常微笑，而有的婴儿动不动就大惊小怪或哭泣。

三、儿童气质类型与家庭抚养策略

　　刚刚出生的婴儿也会明显表现出不同的气质类型，有的温和安静，有的活泼好动。随着年龄的增长，幼儿的自我意识进一步增强。有的喜欢到户外玩耍、游戏，喜欢在小朋友多的地方玩；有的喜欢独自玩耍，不爱交往；有的喜欢做没做过的事，对物体进行深入"探究"。研究发现，儿童的气质类型对父母的教养方式也有较大影响。例如，母亲对待不同类型的孩子的行为方式是不同的。如果孩子的适应性强、乐观开朗、注意持久，则母亲的民主性表现突出。影响母亲教养方式的消极气质因素包括：较高的反应强度（如平时大哭大闹）、高活动水平（如爱动、淘气）、适应性差及注意力不集中等。可见，儿童自身的气质类型，通过父母亲教养方式而间接影响自身的发展。因此，父母和教师平时要注意孩子的气质特点，同时，还要避免儿童气质中的消极因素对自己教育方式的影响。

气质类型不是一朝一夕就能改变的,也不一定都需要改变。既然如此,在抚养与教育过程中照顾幼儿的气质类型特点,采取适合这些特点的方法不仅必要,而且也会使工作进行得更顺利,更有成效。

总之,在幼儿的成长过程中,抚养者的教育方式影响非常大。抚养者了解婴幼儿的气质特点,对于做好教育工作,培养婴幼儿的良好人格,具有重要意义。主要的抚养策略包括以下几点:

(一)提供早期良好的生活经验

父母或抚养者应当认识到每一个婴幼儿的气质都有优点和缺点,都有可能掌握好知识技能,形成优良的个性品质,成为有价值的社会成员。因此,父母要正确对待不同气质类型的幼儿,培养他们的健康人格。在婴儿期就应该建立良好的喂哺方式,给予足够的亲情以及合理的大小便训练等。

(二)采取适当的养护态度

父母如果误解气质特点,采取不恰当的方式对待,有可能会不利于婴幼儿发展。了解气质特点对行为的具体影响,才能给婴幼儿适宜的指导和帮助。父母或抚养者应依据幼儿不同的气质特征,采取不同的教育策略,利用其积极方面,塑造优良的人格品质,防止人格品质向消极方向发展。例如:

(1)对多血质类型的婴幼儿,在严格其组织纪律的同时,对他们要热情。要着重培养其朝气蓬勃、满腔热情等个性品质,防止虎头蛇尾、粗心大意、任性等不良个性特点的产生。在发展他们多方面兴趣的同时,要培养中心兴趣。在给予他们参加多种活动机会的同时,要发展认真负责的精神和坚持性,对多血质的婴幼儿进行教育时,要"刚柔相济"。对多血质的幼儿不要放松要求或使他们感到无事可做,要让他们在有意义的活动中养成扎实、专一和克服困难的精神。

(2)大量的教育经验表明,对外向且不稳定气质(胆汁质)的幼儿要有耐心,不要轻易激怒他们,耐心启发和协助他们养成自制。对胆汁质类型的婴幼儿,在发展其热情、豪放、爽朗、勇敢和主动的个性品质的同时,要避免产生粗暴、任性、高傲等个性特点。在对他们进行教育时,既要触动思想,又要避免激怒他们,宜采用"以柔克刚"和"热心肠冷处理"等有效方法。要求他们自制、能沉着、深思熟虑地回答问题,能镇静、从容不迫地进行活动,培养他们在行为上和态度上的自制力,培养他们扎实的作风。

(3)对粘液质类型的婴幼儿,要着重发展其诚恳待人、踏实顽强等品质,注意防止墨守成规、执拗、迟缓等品质。多给予参加活动的机会,激发积极情绪,引导积极探索新问题,能够生动活泼,机敏地完成任务。对粘液质的幼儿不要求之过急,要允许他们有考虑问题和做出反应的足够时间。

(4)对抑郁质类型的婴幼儿,要着重发展敏感、机智、认真细致、有自尊心和自信心等品质,防止怯懦、多疑、孤僻等消极心理特点的产生。要给予他们关怀、帮助，多给予称赞、嘉许、奖励等，这将对他们的个性发展起积极的作用。对抑郁质的幼儿切忌公开指责，要加倍关怀、体贴他们，根据他们的精力、体力与能力适当降低或调整要求，鼓励他们勇敢前进。

总之，对于一个退缩、害羞的幼儿来说，如果成人能够提供丰富的刺激行为，如提问、教导、引导观察等，有目的地促进幼儿的探索行为，就可以帮助幼儿克服气质的不利之处。而对于生性好动、活泼的幼儿，父母过多的干涉可能会抑制孩子的探索行为。

（三）建立儿童自信心，引导儿童自我改善

人的气质虽较为稳定，但仍然是可以改变的，父母或抚养者要指导幼儿剖析和认识自身气质特征中的优点和不足，加强自我行为修养，不断进行自我探索，发展气质中的积极面，成功地监控自己气质的发展。例如，3岁的豆豆脾气非常急躁，属于难教养型儿童。他每次看到好吃的东西，都会一把抓过去，并喊着："我的！给我！"父母每次都会耐心地提醒他："别着急，慢慢说。先问问大人可以吃吗？然后再拿……"当豆豆跌跤了，生气地大哭时，父母安慰他说："我知道你很生气，一定很疼。但哭也没有用的。我们来想个办法好吗？"通过言语的疏导，豆豆逐渐知道哭和发脾气不能够解决所有的问题，并学习克制自己的欲望。

父母要培养幼儿独立、自信的性格，生活上不依赖别人，使儿童得到良好发展的机会。此外，还有许多帮助幼儿适应社会交往的拓展训练课程，也可以有针对性地解决幼儿气质上存在的问题。例如针对幼儿之间冲突处理的课程，通过引导幼儿说出自己的感受，并学习采用"妥协"而不是"攻击性行为或语言"来解决冲突等，帮助幼儿学习克服自己的性格缺陷。

（四）抚养者进行自我分析和良好示范

了解自己气质对于幼儿教育工作具有重要的意义。父母要认识自己气质的优势和不足，扬长避短、科学教育幼儿。父母或抚养者必须先受教育，这样才能避免因自己消极气质的流露，而对幼儿产生不良的影响。了解自己的气质，对于形成良好教学风格也具有重要意义。

比如，内向型父母要有意识地克服自己的气质缺陷，多带幼儿参加一些集体活动，并鼓励幼儿和同伴进行交往，在交往中，培养幼儿的沟通能力与社会能力等。缺乏足够敏感性的母亲很难和孩子形成安全型依恋，如果母亲能够对孩子需求的信号进行观察，并恰当、及时地给予反馈，就能够有助于亲子之间形成健康安全的依恋关系，帮助孩子形成良好的个性，使个体得到健康的发展。

（五）提供美育和自然的熏陶

音乐、美术、表演等艺术活动可以提高幼儿的审美情趣，对儿童个性与气质的发展有益。此外，幼儿多接触大自然也可以陶冶性情，有助于儿童气质的健康发展。因此，在幼儿的成长过程中，父母和抚养者要多为幼儿创造各种机会，使其接触美好事物，接受大自然的熏陶。

3 岁的天天是个典型的难教养型儿童。他经常在半夜哭泣,并且很难安抚。当他烦恼或兴奋的时候,他都会发脾气或大喊大叫,自控能力很差。父母对此很伤脑筋。他们担心,天天这种坏脾气,会持续一辈子吗?

心理学非常关注早期气质和后期人格特征的关系。气质在婴儿时期就表现出来,它本身可能并不是完全稳定、一成不变的。但它是否能够对儿童后期和成年期表现出来的人格类型进行预测? 换而言之,尽管表面上存在变化,但气质深层的结构是否有一定的连续性?

研究者对此有不同的看法(Caspi, 2000)。目前,人们普遍认为,大五人格因子——外倾性、宜人性、责任感、神经质和开放性——是构成成人人格的基本结构。有迹象表明,早期测得的大五人格因子中的某些维度的确具有一定的连续性(Caspi, 1998)。

但是,家庭教育、社会环境、学校教育也对儿童的气质有很大的影响。因此,有人提出了情境中的气质研究(Wachs & Kohnstamm, 2001)。托马斯和切斯也强调,个体的气质特点和他所生活的环境特点之间的匹配程度决定了气质的适合度。比如,一个情感控制能力差的孩子,如果被有耐心而且态度坚决的父母照顾,就是一个"好的匹配"。同样的孩子如果有一对缺乏耐心的父母,就是一个"差的匹配"。后者可能会导致孩子发展扭曲,出现功能适应不良。总之,如果抚养环境出现变化,那么个体的气质表现上也可能随之出现一些变化。

有兴趣的儿童抚养者也可以进一步进行拓展阅读,读一读马丁和福克斯的《气质》这篇文章。

第四章　0—3岁儿童亲社会行为与道德的发展及教育

第一节　亲社会行为与道德概述

儿童亲社会行为是儿童社会性发展的重要标志,它对儿童成长具有重要作用。儿童亲社会行为出现的时间较早,其最初的形式主要是借助外界具体、确定的奖赏来反映的,之后逐步发展为自发自愿、不求奖赏的自动的利他行为。儿童的这种亲社会行为从其实质上看是人在不断社会化的过程中形成的;一个人从刚出生的婴儿过渡到学步期再到儿童期,整个社会化过程受到多种因素的影响;人在社会化的过程中,尤其是婴儿时期的社会化和社会交往模式的形成对个性的塑造起到奠基作用。

儿童究竟怎样开始形成社会化的? 似乎是个令人困惑的问题,有人认为儿童的社会化是一个自然形成的过程,是在生物因素和环境因素的作用下形成的,也就是说社会化的过程是在原始感情或气质的基础上,经过外界环境作用下,逐步自然形成的。

通过查阅资料发现,研究儿童亲社会行为的人员很多,影响儿童亲社会行为的因素颇多,亲社会行为与很多心理品质有着必然的关系。

一、亲社会行为概述

究竟什么是亲社会行为呢? 不同的学者给予了不同的定义。

美国著名发展心理学家缪森(Paul Mussen)在1977年给亲社会行为的定义是:"试图帮助其他人或某个团体,使他们受益,但是在进行这些活动时,不期待任何外来的奖励,并且常常要付出一定的代价,自我牺牲,承担一定的风险。"1983年,缪森进一步给出了亲社会行为的操作定义:"旨在增加或保证他人利益的行为,包括助人、慷慨、牺牲、保卫、无畏、忠诚、尊重别人的权利及感情、有责任感、合作、保护他人、分享、同情心、安慰、抚养他人、关心别人的利益、好心、拒绝非正义事物。"

而加拿大心理学家麦克奈利和奥哈拉(Orlick McNally，O'Hara)则将亲社会行为描述为"任何与他人分享、帮助他人、亲昵地接触他人的身体的行为"，并将亲社会行为分成两大类：第一类是身体上有感情的接触，这一类行为有：一个儿童与另一个儿童出于友爱之情的身体接触，或者起支撑作用的身体接触；第二类，合作完成任务的行为，即一个儿童以某种方式帮助另一个儿童；或者与另一个儿童紧紧联系在一起共同完成某项任务。这些行为的目的都是互相支持、互相帮助的。与此相反的都属于反社会行为(Antisocial Behavior)。由此，人们基本上把亲社会行为确切定义为：一切符合社会行为规范且对社会交际或人际关系有积极作用的行为，它包括谦让(modestly declination)、帮助(helping)、分享(sharing)、同情(sympathy)、合作(cooperation)、捐献(donation)等内容。从广义上看，亲社会行为既包括自愿帮助他人，不期望得到任何回报的利他行为(altruism)，也包括为了某种目的，有所企图的助人行为。儿童亲社会行为的发展是其成年后建立良好人际关系及心理健康和谐发展的重要基础，也是儿童社会性和个性形成和发展的重要方面。

亲社会行为是所有婴幼儿社会行为中的重要行为，它符合社会行为规范，对婴幼儿的社会交际和人际关系有着积极的作用。

婴幼儿亲社会行为可以在其情绪表达、依恋行为和游戏活动中表现出来。如婴儿在一岁前会通过指点自己所熟悉的亲人以及亲昵的姿势显示自己和谁更亲近；或是愿意和谁分享自己的玩具、食物等来表达自己喜欢谁等亲社会行为。一岁半左右，婴幼儿不仅会对周围人表达自己的喜欢和依恋，还会对有困难的人、需要帮助的人给予特定的、能力范围内的帮助或安慰等。比如，小伙伴的玩具弄坏了，他会给他自己的玩具；妈妈烫伤了，会帮妈妈吹一吹。婴幼儿此时会用自己的动作表示自己的关心和帮助，表达自己的亲社会行为。

婴幼儿亲社会行为表现较早，并随着年龄的发展而发展变化。最早的研究来自于1932年皮亚杰发表的观察记录，他认为，8—12个月的婴儿就已经具有同情行为、利他行为和分享倾向。当然，皮亚杰的研究受到其他学者的反对，认为这些婴儿的亲社会行为主要是出于生理需要，而没有高层次的动机系统，婴幼儿的这些行为都是与他们的自我意识、思维发展特点，以及情绪情感发展等心理发展的特点密切相关。因此，对于婴儿早期的亲社会行为研究较少，直至卡洛林·扎思和沃克斯勒(Carolvn Zahn 和 Waxler)的研究支持了皮亚杰的观点，他们发现：24个1—2周岁的幼儿在9个月的时间里，出现了几百次的亲社会行为。最初，12个月之前的幼儿对别人的痛苦没有反应，之后会逐渐对别人的痛苦表示关注，并逐步表现出积极的反应。18个月及以上幼儿在目击他人痛苦时，平均有三分之一的幼儿表现出亲社会行为。这些18—24个月的幼儿亲社会行为的表现方式是：轻拍对方，拥抱对方，给对方玩具，或用迂回的方式设法安慰对方，或说同情的话，或提出解决方法，或为对方鼓劲、加油等。这些较少的研究说明了婴幼儿的亲社会行为表现不太稳定,有个体差异,可能受到环境等因素的影响。婴幼儿的这些亲社会行为的早期表现往往与具体、确定的奖励相联系,而且这些现象又是父母亲的观察结果和认识,也可以称作为亲社会行为的萌芽状态。

运用现有的心理学理论分析,婴幼儿的亲社会行为发展主要依据是班杜拉的社会学习理论。社会学习理论重视研究婴幼儿的外显的可观察的社会行为,并认为亲社会行为的发生主要是婴幼儿观察他人的社会行为,通过模仿获得了亲社会行为。在此过程中,榜样行为的作用非常重要,正因为有了榜样,婴幼儿有了模仿的对象,并在亲社会行为中运用对自我行为的强化,不断肯定自己的亲社会行为,在产生亲社会行为的同时,婴幼儿又运用了自我控制的奖赏和惩罚,体验到了荣誉感,在情感方面则进一步强化了自身的亲社会行为。

二、道德概述

(一) 道德和品德

道德是一种特有的社会现象,指的是社会为了协调和控制社会生活而向其成员提出的一系列行为准则的总和,其效用在于解决人际冲突,发展人际间的良好关系。道德是受到社会舆论和个体内心驱使所支持的一种行为规范,是个人判断、调节自己行为的标准和依据:当一个人按照社会公认的准则去行动时,就会受到人们的赞许,为社会所肯定;反之,就会受到人们的谴责,为社会所否定。个体行为在得到舆论赞许时,会感到愉悦和心安理得。在受到舆论谴责时,会产生不安和内疚的内心体验。道德会随着社会的发展而变化,在不同的社会历史时期及不同的社会类型中,道德行为规范也是不同的。在社会道德中,有些道德原则和规范具有适合一切人类社会的性质,因而具有继承性和全人类性。

品德是道德品质的简称,是社会道德现象在个体身上的反映,是个人依据一定的社会道德行为规范行动时表现出来的比较稳定的心理特征,是个体内化了的道德。品德是一种心理特征,因此具有稳定的倾向和特征。其次品德以道德意识和道德观念为指导,进而进行道德判断,发生道德行为。品德与道德行为联系密切,如果没有道德行为,一个人的道德品质也就无法判断。

(二) 道德和品德的关系

品德是社会道德在个体身上的具体表现,是外在社会道德内化的结果。品德的内容来自社会道德,离开社会道德,就谈不上个人品德。同样,社会道德只有通过个体的品德才能真正发生作用。此外,个人品德也可以转化为社会道德的有机组成部分,从而丰富和发展社会道德。

道德和品德的区别表现在:

(1) 道德是一种社会现象,是人们共同生活及行动的准则和规范,用来调节人们的相互关系与行为。品德则是一种个体的心理现象,是个体遵照一定的道德行为准则行动时表现出的稳定的特点或倾向。

（2）道德是社会关系的反映，其发生、发展服从社会发展的规律，不以个体的存亡和好坏为转移。品德属于个性的重要组成部分，它是个性中具有道德价值的核心部分，它的发生、发展依附于具体存在的个人，服从个体心理的发展规律，也服从社会的发展规律。

（3）二者的内容不同。道德是一定社会行为规范的完整体系，而品德只是道德在个体上的反映和表现，是道德内化的结果。

（4）道德是伦理学和社会学的研究对象，品德是心理学和教育学的研究对象。

（三）品德的心理结构

个体的道德品质的形成包含以下四种心理因素：道德认知、道德情感、道德意志和道德行为。四个因素在道德品质的形成中虽然作用各不相同，但它们是相辅相成的统一体，彼此相互渗透，相互联系。其中道德情感是动力；道德意志是精神力量；道德行为是关键；而道德认知则在道德品质形成中起着先导作用，是道德内化和道德行为的先导，是社会的道德要求转化为个人的内在品质的首要环节，也是整个道德品质形成的基础。道德情感、道德意志和道德行为只有在道德认知的基础上才会有稳定性和自觉性。没有正确的道德认知，很难形成自觉的道德行为习惯和道德情感。认知是行为的先导，提高道德认知能力是幼儿道德教育的基点。从道德认知入手对儿童进行道德教育，无论是对儿童个体道德认知结构的形成，还是对整体道德品质的良性、快速发展，都具有不容忽视的作用。

发展心理学认为，学龄前期是幼儿个性的初步形成期，而作为个性的核心成分的道德品质也符合这一规律。可见，对儿童进行道德启蒙教育，首先要认识和遵循幼儿道德品质形成与发展的规律，才能对幼儿进行卓有成效的道德教育。儿童的心理活动具有高度的感受性，他们的高级神经活动具有很强的可塑性。大量的研究资料表明，幼儿期是幼儿接受熏陶，形成良好的道德品质的关键时期。在幼儿期，儿童容易接受外界各种刺激和教育的影响，并在大脑中留下深刻的痕迹，形成动力定型。因此从小以正确的道德教育来影响儿童，促使其形成良好的道德品质，不仅非常重要，也是可能实现的。

（四）品德与个体社会性发展的关系

品德是社会道德现象在个体身上的反映，是个人依据一定的社会道德行为规范行动时表现出来的比较稳定的心理特征，是个体内化了的道德。并且品德体现着一定历史条件下的社会关系，包括道德准则规范。因此，品德具有社会性和个体性双重特性。而个体道德的发生的必要条件就是个体自我意识的萌发，存在于一定社会关系中，并能够在社会实践中活动。

婴儿出生之后，经历了初步的社会性发展（1岁以内），他们认识和适应了自己生存的环境，即家庭，通过这一最初的社会环境以及与自己父母的交往活动，婴儿建立了最原始的自我系统。1

岁以后，婴儿通过开始认识自己、别人以及与别人的关系，产生了自我意识，掌握了最初的行为规范。2岁左右，婴幼儿在其社会性发展的基础上，形成了最初的道德观念和道德行为。比如家长教育孩子热爱自己的亲人、父母、帮助他人做好事等。2岁以后，在社会性发展与教育的基础上，婴幼儿的道德会不断完善起来。

专栏　国外前沿研究——父亲对儿童发展的影响

　　自儿童出生起，父亲和儿童之间就存在着一种不可忽视的联系，此后，父亲对儿童的身心发展起着越来越重要的作用。现代科学在探索婴儿心理发展的过程中发现，年仅6周的婴儿就能够分辨出母亲和父亲说话声音的差别；8周时，婴儿就能够分辨出母亲和父亲照料方法的差异；婴儿生来就有一种寻找与自己的父亲连接起来的驱力，在他们开始说话时，"爸爸"这个词常常比"妈妈"先会说，其原因尚不知晓；学步婴儿往往明确显示他们对父亲的需要，他们会去寻找自己的父亲，在他不在时要他，电话里听到父亲的声音极为惊喜，在可能的情况下会去了解父亲身体的各个部位。尤其在进入幼儿期以后，父亲在儿童个性形成和行为塑造方面起着更为重要的作用。到了幼儿时期，他们会把更多的注意力转向父亲，开始对父亲那粗犷的形象感兴趣，并需要从父爱中感受力量和刚毅，这种需要随着儿童年龄的增长日益明显。在青少年时期，父亲的作用更为显著。例如，十来岁的少年以更复杂的方式表达他们对父亲的需要，与父亲展开竞争，对他持有的价值观、信念及其局限提出挑战。温迪·莲恩（Wendy Lane）和道伯尔·艾普斯坦（Dawber Epstein）等人的研究发现，父亲的角色投入对青少年的心理健康和学业成就都具有重要的影响效果，而且父亲对儿童学校生活的参与程度与儿童的学业成绩、心理健康发展水平都有相关。而一份来自英国剑桥大学的最新研究发现，如果父亲在儿童婴儿期很好地承担起照顾家庭的责任，那么子女在16岁时犯罪率最低，并且子女的精神也更健康。

　　研究者们研究发现：父亲对于一个孩子的发展，特别是对于其自我认同，具有尤为重要的作用，特别是父亲的积极参与和负责任明显对孩子的一生都有益处。许多研究表明，大多数孩子，尤其是男孩子希望有比通常给予的更多的时间与他们的父亲相处。在游戏中，父亲诱导婴儿的积极情绪，给婴儿带来快乐和满足，这种快乐和满足对儿童的生活有着巨大的意义：它使儿童从中得到对世界、对社会和人的信心和自信，得到对人宽容和忍耐的力量，很少紧张和得到应付环境的能力；帮助儿童成为心理功能完备的人。父亲帮助孩子从心理上与母亲分离，教导他们控制自己的冲动，学习各种法律和规范，并做出适当反应。父亲的支持给儿童带来信心、胜任感，从而有效地克服不良情绪的障碍。因此，父亲成为孩子的除母亲之外另一个能提供指导的人，同时也是一个避难所,而且他还能帮助母亲避免过度情绪化地处理她和孩子之间的关系。另外,父亲对于孩子在经济上的影响作用同样是不可忽视的。研究者发现,那些与亲生父母生活在一起的孩子成人后找到工作的机会比父亲缺失家庭中的孩子大两倍,而他们获得稳定的经济地位的机会则比后者大一倍以上。有趣的是,那些所谓的"长期继父"则未能表现出相同的影响。威尔逊在 1980 年指出了父亲在减少其儿子犯罪可能性中起到了关键性作用。大量研究证明,父子互动能增加一个孩子的社会适应性、学业成就,甚至对子女成人后婚姻的稳定状况也有影响。有研究者对澳大利亚堪培拉的 2404 个成年人调查后发现,在父亲表现更高水平的关爱而母亲表现更低水平关爱的家庭中,孩子的精神健康状况非常差,但是,父亲给予越多的关爱并不总是与越低的焦虑和抑郁有关。还有研究结果表明,在初中生中,父亲的过分保护与女儿的自尊有显著的负相关($r = 0.32$, $p < 0.01$)。这些研究结论表明,父亲的关爱、积极指导等有助于婴幼儿在社会性方面的发展,并更有利于他们今后的发展。

传统社会学习理论强调父亲作为儿子的道德传输者的重要性,Hoffman 研究发现:父亲缺失家庭中的男孩比父亲存在家庭中的男孩在内部道德判断、愧疚、接受批评、道德价值和规则一致性上得分要低。Santrock 研究了 120 个处于低下阶层且父母在很早就离婚(6 岁前)、后来离婚(6—10 岁)的家庭以及父母都存在的家庭的儿童,同时考虑了母亲的管教和情感,具体是通过问母亲如何处理孩子的越轨行为(专断、放纵和爱的收回);儿童的道德行为通过抵制诱惑任务、自我批评、利他性和补偿等测量。研究发现当相关变量[比如智商(IQ)、社会经济地位(Social Economic Status, SES)、年龄、兄妹状况等]被控制后,父亲缺失和父亲存在的儿童之间很少有差异,但父亲缺失儿童在教师报告中比父亲存在儿童道德上得分要低;离婚女性带的儿子具有更多的"社会背离(social deviation)",并且比从小就失去父亲的孩子在道德判断上有更高的得分。

Pfiffirer 等人研究了父亲缺失和儿童的反社会行为之间的关系。研究发现父亲存在家庭的儿童比父亲离开的儿童表现出更少的反社会症状,在多种社会经济地位(SES)状况下都如此。反社会行为在社会经济地位(SES)处于最低、父亲缺失的家庭中表现最高,表明家庭中父亲的参与可以降低儿童的反社会行为;同时父亲缺失儿童的较高的反社会行为并没有因为继父的出现而有所减弱,并且它也不能被较低的社会经济地位(SES)所解释。Cynthia 等对少年犯的研究发现,在父亲缺失家庭中儿童面临高犯罪的风险,在存在继父继母的家庭中,特别是母亲—继父的家庭中儿童的犯罪率最高,并且父亲的作用不能被继父代替。它从一个侧面反映了父亲在儿童健康成长中的重要作用。

第二节　0—3岁婴幼儿亲社会行为的发展

亲社会行为是指"人们在社会交往中所表现出来的谦让、帮助、合作、共享等有利于他人和社会的行为"。

那么,在0—3岁这一年龄阶段的婴幼儿,他们的亲社会行为的发展有哪些特征? 又是受到哪些因素的影响,以及我们如何确定这一阶段婴幼儿亲社会行为教育的任务和培养策略呢? 国内外的学者对此都做了相关的研究。

一、0—3岁婴幼儿亲社会行为的发展特征

0—3岁婴幼儿亲社会行为的研究,对于解决亲社会行为的产生和起源有重要意义。尽管严格意义上的亲社会行为在婴儿期还处于萌芽状态,但婴儿的特点决定了研究者主要通过婴儿的情感反应和有限的行为表现来观察婴儿的亲社会行为倾向。

(一) 对他人情绪的敏感性而做出的外显反应

国外早期的研究包括两个方面,其一是婴幼儿对他人情绪及情感起反应,其二为婴幼儿辨别他人不同情感表现的能力。

有国外学者研究发现,3个月大的婴儿就能对友善与不友善做出不同反应,而6、7个月婴儿能分辨愤怒与微笑的面孔(Buhler, 1928; Simmer, 1971; Hay, 1981)。温勒研究了18个月的婴儿,并且认为"在对社会事件的理解意义上的社会敏感性,是早期婴幼儿的突出特点"(Lewin, 1942)。沙利文也认为,早期婴儿对他人需要表现出极大的敏感性和同情心;莱茵戈德(H. Rheingold, 1976)在实验室里观察了15—18个月婴儿与父母相互作用后得出结论:婴儿的许多行为反映了他们给予其他人及与他人分享的早期能力;1924年斯滕从观察中得出结论:即使是2岁的婴幼儿也已经有感受他人悲伤的能力,……并试图安慰帮助他人,甚至为他去报复;斯坦杰克(K. Stanjek)对德国婴幼儿观察表明2—3岁婴幼儿能够自发地赠送物品和玩具(1978);而布莱瑟顿(Bretherton, 1981)等人研究认为:"在婴幼儿开始使用语言不久,他们的语汇即表现出对他人的需要和意向等内部状态的理解和推测。"例如,一个2岁婴儿会说:"他哭了,他想要糖。"

(二) 亲社会行为的萌芽状态

随着年龄的增长,婴儿的身心迅速发展,行为表现从情感的过分概化和简单的反射反应向较分化的、自发的、自我维护的、社会敏感的形式发展,这些行为与社会认知能力和自我再认(self-recognition)有关。亲社会行为是在其自我意识和社会认知能力发展到一定基础上才出现的。但是3岁前的婴幼儿的自我意识还是处于生理自我的水平上,并没有转向社会自我,所以说3岁前的婴幼儿还没有出现真正的亲社会行为。3岁前的婴幼儿能够感受到他人的悲伤、快乐、痛苦等情绪情感继而有情绪反应或是其他安慰分享等行为,但这些只是他们对别人情绪的敏感性做出外显的反应,是婴幼儿的社会情感或社会性行为,也是婴幼儿亲社会行为发生的心理基础,如称为亲社会行为还是过于牵强。由于婴幼儿行为特征的不稳定性,在多种环境条件中的多变性,把其理解为亲社会行为的萌芽状态或许更可以让人们接受。而自发的利他行为如合作、分享或其他的亲社会行为要到3—6岁才会真正出现。

二、0—3岁儿童亲社会行为发展的影响因素

(一)移情能力

一般认为,移情是一个人(观察者)在观察到另一个人(被观察者)处于一种情绪状态时,产生与观察者相同的情绪体验,它是一种替代性的情绪情感反应,也就是一个人设身处地为他人着想、识别并体验他人的情绪和情感的过程。在心理学界,移情是婴幼儿亲社会行为的重要促进因素已形成共识。

移情的产生和发展早在个体的婴幼儿阶段就已有表现。我们知道,出生刚两天的婴儿听到另一个婴儿的哭声时,自己也会跟着哭,这种现象被称为"情绪传染"。这些早期的"同情哭喊"类似于先天反应,因为很明显婴儿还不能够理解他人的感觉。然而他们的反应就好像自己也有同样的感觉一样。

婴儿在与抚养者的交流过程中,逐渐学会使用社会参照系,注意与他们自身要求有关的抚养者的情感反应,婴儿会通过自己的忧虑来对他人的忧虑做出反应。14个月的婴儿能对其兄妹表示关心,并知道如何使他们高兴,使他们喜欢自己,并以自己特有的方式向他们提供注意、同情、关心、分享和帮助。在出生后一年,婴儿开始安慰他人,并且助人行为发生的频率随着年龄的增长而增多。

2岁后,婴幼儿的自我意识萌发,他们对他人的反应发生改变。现在当婴幼儿面对痛苦的人时,他们能够明白是别人而不是他们自己感到痛苦。这种认识使婴幼儿能够将注意力由对自身的关心转到对别人的安慰上。

在对婴幼儿的移情研究中,发现短期效果明显,随着年龄的增长,婴幼儿的分享行为与婴儿相比,更多地受移情作用的刺激。这种对社会环境中情感线索的积极的认知活动是婴幼儿亲社会行为产生和维持的基础。

(二)认知发展因素

道德判断能力和观点采择能力是对婴幼儿亲社会行为影响较明显的两种认知能力。

道德判断是指个人运用已有的道德概念和道德认识,对道德现象进行分析、评价、推断和选择的心理过程。1岁婴儿还不可能有道德判断,也不可能有意地做出什么道德行为。婴幼儿的道德判断,也是在跟成人交往的过程中和他们掌握言语以后才逐步产生和学会的。凡是成人表示赞许并说"好"、"乖"的行为,婴幼儿便认为是好的行为;反之,凡是成人表示斥责并说"不好"、"不乖"的行为,婴幼儿便认为是坏的行为。因此"好"、"不好"是婴幼儿最初的道德判断中的两大类别。

这一时期的婴幼儿因为身心发展的条件限制,还不能真正地理解和掌握抽象深奥的道德原则,所以他们的道德判断和道德行为也是不稳定的。应当指出:婴儿期的婴幼儿只有一些道德判断和道德行为萌芽的表现,决不能作很高的估计,也不能提出过高的要求,观点采择是指个体能够推断他人内部心理活动的能力,即能站在他人的角度,采取他人的观点,设身处地地理解他人的思想、愿望、情感等的认知技能。

昂特伍得和摩尔对16项有关研究的综述表明,观点采择和亲社会行为呈高相关,即使年龄因素被控制时,两者之间仍然具有显著相关性。柯尔伯格等人对美国孤儿院婴幼儿的研究就显示,孤儿院婴幼儿缺乏相应的亲社会行为的原因之一就是观点采择能力发展迟缓。

(三) 家庭因素

霍夫曼(Hoffman,1975)有关抚养婴幼儿的研究表明,家庭内部因素比如亲子关系、教养方式等在婴幼儿亲社会行为发展的过程中起着很重要的作用,其中温和养育型的父母趋向抚养利他型的婴幼儿,父母与婴幼儿的温和养育关系对婴幼儿亲社会行为的发展有重要作用。

而根据社会学习理论,年龄较小的幼儿经常因为抚养者如父母、老师的奖励亲社会行为而学会帮助他人和分享,所以在亲社会行为的发展过程中,父母的直接教育和对亲社会行为反应的强化起了重要作用。当幼儿观察到帮助他人的榜样时,他们自己一般也会有更多的亲社会行为——特别是这个榜样还是他认识和尊敬的,并且与这个榜样建立了温和、友好的关系。海(Hey)和穆雷(Murray,1982)通过对12个月大的婴儿和成人的"给予——获取"游戏的观察发现:父母如果既做出了亲社会行为的榜样,同时又为婴幼儿提供了表现这些亲社会行为的机会,则更有利于激发婴幼儿的亲社会行为。

(四) 社会文化和大众传媒

不同的文化在鼓励和赞同亲社会行为方面是有差异的。一项跨肯尼亚、菲律宾、墨西哥、日本冲绳、印度和美国等六种文化的研究考察了其文化对0—3岁婴幼儿的行为的影响。其研究表明来自未开化的社会的婴幼儿亲社会行为最多,而西方社会婴幼儿亲社会行为得分较低。对此结果的解释是西方社会过分强调竞争、强调个人而不是集体,相反许多开化不高的社会(比如墨西哥)强调和他人合作,要求婴幼儿压抑自我,避免人际冲突。Nirmala 与 Sunita 等人(1999)通过对 72 对中国和印度婴幼儿(4 岁)进行跨文化研究,发现集体主义文化对婴幼儿的行为以及分享者和受助者之间的互动产生影响。付艳等人也认为,家庭是存在于一个更大的社会文化环境之中的,因此家庭关系、家庭成员的价值判断也必然会受到一些社会文化因素的影响,进而影响婴幼儿亲社会行为的发展。

大众传媒是社会传递文化和道德价值观的主要途径之一,电视、电影、杂志、报纸、互联网等对婴幼儿的亲社会行为的性质和具体形式都具有重要的影响。根据社会学习理论,婴幼儿更容易模仿榜样的行为,特别是那些婴幼儿所认同的具有权威和影响力的榜样。例如,美国婴幼儿电视教育节目"芝麻街"会有表现和鼓励婴幼儿的助人和合作的行为。而研究也显示了定期放映亲社会的电视节目能增加利他行为。

三、0—3 岁婴幼儿亲社会行为教育的主要任务

亲社会行为主要分为助人和合作两个类别,包括有助人、分享、同情、谦让、合作、鼓励、安慰等方面,所以我们可以从这几种不同的亲社会行为的表现来对婴幼儿进行教育。

(一) 帮助他人

婴幼儿很早就表现出助人行为,研究者曾观察三组年龄分别为 18 个月、24 个月和 30 个月的婴幼儿在家里帮助父母做家务如整理散乱的杂志、叠衣服、扫地和整理床铺的情况,发现 65% 的 18 个月的婴儿和所有的 30 个月的婴幼儿能够也愿意帮助成人做这些家务。研究者认为助人行为起源于婴幼儿时期。婴幼儿可以通过上述活动而获得成人的认可,在此活动中练习自己的活动技能并与成人交往互动。由此可见,助人行为是婴幼儿期望参加社会互动的结果。

所以我们在平常生活中,不要因为怕添麻烦而拒绝婴幼儿们的帮助。相反的,只要婴幼儿感兴趣想做,我们就应该尽量地放手让婴幼儿做。我们经常会遇到幼儿想要和父母一块"干活",例如当看到妈妈在拖地,婴幼儿会想要夺走妈妈的拖把说"给我",然后也学着拖地。这时候,我们可以让婴幼儿先做,等他们玩累放了,还不能忘了鼓励他们:"宝宝真棒,帮了妈妈拖地。"或者可以做一个适合婴幼儿使用的专用小拖把,让婴幼儿和父母一块分享劳动的乐趣。

(二) 合作

合作是指"两个或两个以上的个体为达到共同的目标而协调活动,以促进一种既有利于自己又利于他人的结果出现的行为"。

婴幼儿的合作行为迅速发展和分化是在 18—24 个月时开始的,并且婴幼儿的合作性有显著的年龄差异。海(Hay)的研究发现婴幼儿在 18—24 个月时就与父母开始了合作游戏,但是 12 个月的婴幼儿表现合作性游戏的只占比例的八分之一,而 18—24 个月的婴幼儿产生合作性游戏的

比例为八分之七。艾克曼(Eckerman)等人发现 18—24 个月的婴幼儿比年幼婴幼儿表现出更多的与同伴和成人交往的游戏。布朗(Brown)发现 24 个月的同龄伙伴间能够相互协调行动以达到目标,而 18 个月的婴幼儿还比较困难,2 岁以后婴幼儿能更有效地进行社会性交往,更经常地进行合作性游戏。布鲁内尔和卡内基(Brownell 和 Carriger)的研究结果发现,12 个月的婴幼儿基本上不能解决合作性问题,50%左右的 18 个月的婴幼儿能偶然地解决问题,大多数 24、30 个月的婴幼儿能重复性地解决问题。在合作性行为上,24、30 个月的婴幼儿更能相互协调,能围绕任务采取相应的相互配合的行为。随着年龄的增长,交往经验的增多,婴幼儿间合作的目的性、稳定性逐渐增强,他们能够为实现共同目标而努力。另外,他们的合作范围不断扩大,逐渐由两人间的合作发展到三四人之间乃至更多的人之间的合作。那么作为家长和教师,要想培养婴幼儿的合作精神和行为,首先是树立合作的榜样,正所谓"身教重于言传",家长和教师要以身作则,在日常的生活行为中为幼儿做好合作行为的榜样。其次要创设合作的环境和提供合作的机会,与婴幼儿做好合作的互动:在家庭里,家长应该让婴幼儿能够参与到一些合作游戏中,比如和家长或同龄小朋友互传皮球等游戏;在托幼机构里,教师可以为婴幼儿提供合作的机会,例如,午睡起床后,让婴幼儿互相合作帮忙穿衣服如拉拉链、叠被子,收拾睡觉房间等等。

(三) 分享

分享是指个人拿出自己拥有的物品让他人共享从而使他人受益的行为。分享的特点是使交往双方共享物品拥有者的资源并使双方受益。

婴儿 12 个月时就已表现出指向动作的分享行为,例如他们会把物体放在人们的手上或腿上,然后继续操纵这个物体,这是分享行为的萌芽。研究者认为,婴幼儿通过分享真实物品来保持与他人的积极交往,当他们能够以其他方式与他人交往时,分享行为就不突出了。所以,12—24 个月婴儿的分享行为随年龄增加很快,24—36 个月婴儿的分享行为则随年龄增长而下降。

婴幼儿不与人分享的原因归纳起来,大致可以分为以下三个方面:一是婴幼儿的分享观念没有形成。在调查中,研究者根据婴幼儿的实际设计了几个类似的情境,如:"妈妈给你买了一本新书,小朋友没有,你能给他们看吗?"对于这样的问题,四成婴幼儿回答"不"的理由是一致的,那就是"这是我的"、"这是我的妈妈给我买的"或者"你让他的妈妈给他买一个嘛";二是家庭教育不当,如"给他们看《黑猫警长》,我爷爷要骂我的"、"爸爸说了,奥特曼让小朋友玩坏了,他就不给我买玩具了",这类回答占 37%;三是缺乏分享技能。在与小朋友共同活动的过程中,有的婴幼儿不知道怎样与他人分享,如"我只有一个新书包,他们都想背,都想玩,我不知道给谁背"。

基于以上三种原因,我们可以得出 0—3 岁婴幼儿分享行为的教育任务应该是促使婴幼儿分享观念的形成,家庭教育要妥当以及让婴幼儿掌握合适的分享技能。我们在专栏里有详细的策略可以提供参考。

四、培养婴幼儿亲社会行为的策略

通过对婴幼儿亲社会行为的分析,尤其是对其发展的影响因素的分析,使人们认识到哪些因素制约着婴幼儿亲社会行为的产生,并以此为依据提出了培养婴幼儿亲社会行为的一系列有针对性的策略。

(一)训练移情能力

美国著名心理学家霍夫曼指出:"移情是诸如助人、抚慰、关心、合作、分享等亲社会行为的动机基础。它激发、促进人们的亲社会行为,是个体亲社会行为的推动器。"所以说,训练婴幼儿的移情能力,能够极大地提升他们的亲社会行为。

移情包括两个方面:首先是识别和感受他人的情绪情感状态。其次,能在更高级的意义上接受他人的情绪、情感状态,即将自己置身于他人的处境,设身处地地为他人着想,因而产生相应的情绪情感。所以我们在培养婴幼儿移情能力的时候,首先是要引导他们注意和体会别人的情绪、情感状态,然后使婴幼儿能在自己心中产生相应的情绪、情感。能深刻体验他人情绪情感的婴幼儿,以后每遇到类似情景,要做出消极行为前,便会回忆起以往的经验,浮现出受害同伴痛苦、难受的表情,于是便会抑制自己的消极行为,而做出互助、分享、谦让等积极行为。家长和教师可以创设"困境中同伴"来帮助婴幼儿去体验他人的在困难中的情绪情感,培养婴幼儿的移情能力,产生同情心,从而促发其亲社会行为。移情—同情—亲社会行为这一模式在日常生活中有很多表现,例如,看到小朋友跌倒了,腿流出血来,小朋友疼得直哭。这时成人进行引导:"你看那位小朋友摔破了腿,多疼呀!"然后问幼儿:"如果你们自己摔倒了,会不会疼呀?那我们过去安慰安慰他吧?怎么安慰他呢?"让幼儿体验到摔倒小朋友的情感,使其通过移情产生同情心理,进而很可能实施安慰行为,并有可能是助人行为。

(二)树立良好的榜样

心理学的研究表明,婴幼儿获得相应的社会行为的一条重要途径就是模仿。婴幼儿亲社会行为的获得与表现在一定程度上与模仿有密切的关系。因此,为婴幼儿提供亲社会行为的榜样是培养其亲社会行为的最基本方法。婴幼儿模仿性强,可塑性大,榜样对他们具有很大的影响。

首先,家长在教养、教育婴幼儿的过程中要为婴幼儿提供亲社会行为的榜样。有关研究表明,民主型的教养、教育方式有利于发展婴幼儿的社会适应能力和亲社会行为。这是因为采用民主型教养、教育方式的家长一般采用非强制性、较为温和的方式来教育婴幼儿,婴幼儿也从家长的教养、教育行为中习得了以同样的方式对待他人。因此,家长教养、教育婴幼儿的不同方式会影响着婴幼儿社会行为的发展。

其次，家长、教师注意在自己的日常生活中为婴幼儿树立良好的行为榜样。如果父母、教师的言语不美，行为不正，怎能教育出言语美，行为正的婴幼儿们呢？因此，在日常的生活中，家长、教师要切实提高自身的修养，规范自己的行为，注意与周围的人和睦相处，积极合作，并热心为他人排忧解难等等，切实优化婴幼儿的生活环境，让婴幼儿从中找到学习、模仿的良好榜样。

再次，教师、家长可以通过优秀的、有教育意义的故事书、电视节目等多种途径为婴幼儿提供助人、分享、合作等良好行为榜样。有很多儿歌、童话、动画片等会讲述亲社会行为故事，比如《天线宝宝》就可以培养婴幼儿关心他人、集体合作的好习惯。家长和教师要充分利用这些生动形象、富有童趣的文学形象来提高婴幼儿对亲社会行为的认识，发展他们的同情心、自豪感、内疚感等情感，从而培养婴幼儿的亲社会行为。

（三）角色扮演方法

斯陶布(Staub)曾用实验的方法检验了婴幼儿扮演角色的活动对婴幼儿道德行为发展的影响。实验结果发现，受过扮演角色训练的婴幼儿比没有受过这种训练的婴幼儿表现出更多的助人行为。虽然这个实验不能解释究竟是扮演帮助人的角色，还是扮演被帮助的角色对婴幼儿利他主义行为的培养有作用，但无论如何，这样的训练对扮演两种角色的婴幼儿利他行为的培养都是有作用的。

陈旭也在国内做过相似的实验：通过创设一定的助人情境，让被试婴幼儿既扮演助人者，又扮演求助者，设身处地实践他人的角色。研究结果同样表明，采用角色扮演法后，婴幼儿的助人行为与前测相比有了显著变化。陈旭认为通过角色扮演婴幼儿能更好地理解求助者的处境，体验他们的内心情感。在角色扮演中真实的、直接的情感体验支撑下，婴幼儿知道了与他人交往应采取什么行动。角色扮演训练还是一种积累助人活动经验的活动，它不仅使婴幼儿体验求助者的内心愿望，而且也涉及对助人的认知、评价及具体的行动，从两种角色体验的反差中对自己的行为做出评价。由此可知，家长和教师可以通过角色扮演的方法来培养婴幼儿的亲社会行为，例如组织一些角色扮演的游戏，让婴幼儿能够分别扮演求助者和助人者的角色。

（四）对婴幼儿的亲社会行为及时进行强化

婴幼儿亲社会行为无论是自发的还是不自发的，都应该获得他人或者群体的认同。婴幼儿一旦做出了利他行为，父母和教师要及时强化，如表扬、奖励等，使婴幼儿获得积极反馈，从而增加下一次亲社会行为的可能性，这样才能达到逐渐巩固的目的；反之，习得的利他行为可能消退。我国心理学工作者曾做过一项研究，采用创设需要谦让的实际情境和假设情景，并施以精神奖励法对婴幼儿进行谦让观念、行为的训练和教育。结果表明，精神奖励在巩固婴幼儿谦让行为中具有不可低估的作用，恰当地运用表扬、奖励，能有效地促进婴幼儿亲社会行为的发展，并在一定程度上抑制婴幼儿的攻击性行为。

　　分享行为是婴幼儿与他人共同享用某种资源的行为,是婴幼儿亲社会行为的一种表现。在婴幼儿的发展过程中,分享行为具有十分重要的意义。

　　一方面,分享行为可以帮助婴幼儿赢得玩伴,使婴幼儿在活动和交往的过程中获得言语表达、人际交流等技能。另一方面,分享行为可以帮助婴幼儿学会与他人和睦相处,共同享受自然界和人类社会带给大家的各种条件,促进婴幼儿的社会化。同时,分享行为还可以帮助婴幼儿学会在今后与人共同生活、与人合作共事。W. Damon(1977)的研究发现,在分享方面做得较好的婴幼儿,往往在解决社会性问题、帮助他人等方面也做得较好。分享行为可以说是婴幼儿社会性的重要组成部分。

　　婴幼儿的分享行为是后天习得的。社会心理学的研究证明,亲社会行为的发展会受到父母、同伴、教师和社会环境的影响,通过树立榜样和给予奖励等方式可以提高个人亲社会行为的发生率。依此而言,我们认定,婴幼儿的分享行为与教育有关。在教育领域中寻找促进婴幼儿分享行为的具体策略如下。

　　1. 培养婴幼儿的分享观念。许政援、吴念阳的研究发现,婴幼儿的亲社会行为要受到他们主观行为规则的影响。凡是有亲社会观念的婴幼儿,其亲社会行为就果断,比如在食物分享中,主动分享的婴幼儿都是在"小朋友要互相谦让"、"小朋友要互相帮助"等观念下进行的。当婴幼儿自身还没有形成稳定的分享观念时,其分享行为就显得很犹豫,不主动分享食物的婴幼儿,常常以"这是我的"、"这是老师给我的,你自己去要"等理由来解释自己的行为。这说明婴幼儿的分享观念深刻地影响着他的分享行为。在幼儿教育中,成人要注意培养和训练婴幼儿的分享观念并注意其与分享行为的一致性发展。具体可以采用角色扮演、故事教育、生活教育等多种策略,培养婴幼儿的分享观念、合作精神。

　　2. 强化婴幼儿的分享行为。婴幼儿的学习和活动都需要强化。斯金纳认为,离开了强化,学习就难以进行,强化在塑造行为和保持行为强度中是不可缺少的关键因素。婴幼儿的分享行为和其他行为一样,是可以通过强化而得到有效巩固的。在研究中发现,当婴幼儿由于分享而受到老师、家长的表扬和鼓励之后,他们会逐渐发展起一种相应的内在的自我奖励倾向,如"给他玩我的小熊,我是个乖孩子"。安鲁弗德(1968)的研究指出,婴幼儿亲社会行为的表现得到表扬后,这种奖励的机制就内化了。当他们再与人分享的时候,自己会认为这样做是好的,这会使他们持久地表现出类似的行为。可见,成人要注意对婴幼儿表现出的分享行为进行强化。在婴幼儿教育中常用的强化技术主要有言语强化、非言语强化、活动强化等等。在具体运用强化策略时,成人要通过多种方式去了解适合孩子的强化物和强化手段,尽力避免手段单一、对象不具体、过于频繁和过于急切。否则,婴幼儿只会去追求具体的强化物,而不去关注学习过程本身,其分享行为就不会有进步和发展。

3. 加强榜样示范。模仿是婴幼儿学习分享行为的一条重要途径,因为榜样具有激励和导向的作用。婴幼儿具有很强的观察、模仿能力,当看到他人的分享行为时,婴幼儿会去模仿,去学习。研究发现,婴幼儿早期的一些态度大多来自对双亲的模仿,随后形成的态度来自对社会上各种人物(教师、同辈好友、英雄人物等)的模仿。婴幼儿不只模仿榜样的外部特征,也汲取榜样的内涵。家长对物质财富持自私态度,其婴幼儿有可能会内化这种态度,并会拒绝与伙伴共享玩具。Rushton 的研究发现,2—3 岁大的婴幼儿,假如在自己没有玩具时接受过同伴让给的玩具,那么当他们自己有好几个玩具而同伴一个也没有时,他们就能以相同的友好行为回报同伴。而同伴在以前曾拒绝分享玩具,轮到这些婴幼儿控制玩具的时候,他们也都拒绝让出。可见,榜样的力量是很大的。要教会婴幼儿分享,一个不错的办法就是成人在婴幼儿面前展示出相应的行为,然后在婴幼儿表现出这种行为时给以强化。

为此,家长、教师首先要规范自己的思想、行为,使自己的言行举止成为婴幼儿学习的良好榜样。婴幼儿没有分享行为,与教师、家长缺乏正确的幼儿教育思想有很大的关系。当然,这与婴幼儿的家庭结构有关。目前,婴幼儿的家庭结构可以形象地比喻成"421"阵形,"4"是指爷爷、奶奶、外公、外婆 4 个老人,"2"是指父母双亲,"1"即婴幼儿。可见,婴幼儿在家庭中居于核心地位,尤其是隔代抚养的孩子,被溺爱的程度更高,有好吃的只给孩子一个人吃,有好玩的只给孩子一个人玩。这些家庭忽视了婴幼儿社会性的发展,长此以往,孩子容易形成养尊处优、吃独食的习惯。婴幼儿不能做出实际的分享行为,实际上与成人在不经意间所犯的错误有关系。很多成人有逗着婴幼儿玩的爱好,比如看见一个婴幼儿在吃东西,他们会说:"给我吃点?"可是,当婴幼儿毫不犹豫地把东西拿出来时,他们又连连摆手,甚至大笑:"我逗你玩的,大人不吃。"习惯成自然,渐渐地,婴幼儿会形成一些错误的分享观念"我的东西就是我一个人吃的"、"别人不会吃我的"。一旦真的要分吃婴幼儿的食物时,他们一定会哇哇大哭。这种后果是成人高高在上、忽视了婴幼儿的心理需要而造成的。所以,教师、家长一定要端正婴幼儿教育的思想,立足于婴幼儿的社会性发展,并站在婴幼儿的角度去思考、去行动。

其次,帮助婴幼儿选择学习的榜样。婴幼儿生活经验浅显,他们常常好坏不分,容易模仿坏形象。成人要注意选择符合婴幼儿年龄心理特点和生活实际的、对婴幼儿成长具有教育意义的榜样,尤其是要关注婴幼儿读物、动画片的科学性和思想性。

最后，要求婴幼儿学榜样见行动。榜样示范的根本目的在于将榜样转化为婴幼儿的实际行动。婴幼儿学榜样有一个由被动到主动、由模仿到创造的过程，这个过程需要教师、家长的积极引导。

4. 训练婴幼儿的分享技能。知道怎样与人分享，对于提高婴幼儿的实际分享行为，是有很大帮助的。我们在调查中发现，一些婴幼儿具有分享的意愿，但是由于不知道怎样做，也就没有表现出实际的分享行为。比如，一个婴儿带了一辆新的玩具遥控车到婴幼儿园。老师问："可以把你的新车给小朋友玩吗？"他回答："可以。"老师说："现在给行不行？""不行。""为什么？""很多小朋友都想玩，我不知道该给谁玩。"还有的婴幼儿对该类问题的回答是："我只有两颗糖，有四个小朋友想吃，我分不开。"所以，家长和教师在培养婴幼儿分享行为时，要注意让婴幼儿了解和掌握一些分享的技能。如果婴幼儿知道了分享的具体方法，那么，他们的实际分享行为应该会得到增加和提高的。

（资料来源　曾英.促进幼儿分享行为的教育策略[J].西华大学学报（哲学社会科学版），2005(12).）

第三节　0—3岁儿童攻击性行为的发展

一、0—3岁儿童攻击性行为的发展特征

（一）攻击性行为概述

攻击性行为是幼儿期的孩子比较容易出现的一种问题行为，这种行为对攻击者或被攻击者双方的身心健康都会造成不良的影响，基于此，我们有必要研究探讨它。

攻击性行为又称侵犯行为，是针对他人的敌视、伤害或破坏性行为，可以是身体的侵犯、语言的攻击，也可以是对别人权利的侵犯。攻击行为最早出现于婴儿期（0—3岁）。发展心理学研究表明：个体攻击性行为的发展是阶段性与连续性的统一，早期的攻击行为对其成年期的攻击性具有较强的预测作用。婴儿的攻击性行为不仅会影响到他们道德行为的发展，而且如果不加以干预矫正任其不断升级，并延续到青少年时期，就容易发展成为攻击性人格，并造成其今后人际关系的紧张和社会交往的困难，严重的甚至还可能会转化为违法犯罪行为。外国心理学家韦斯特进行了一项历时14年的追踪研究，他的研究结果发现，幼儿期的攻击性行为与成人期的犯罪有密切关系：70%的少年犯在13岁就被认定具有攻击性行为，48%的少年犯在9岁就被认定具有攻击性行为，幼儿攻击性水平与犯罪的可能性之间的关系为正相关。

美国著名的心理学家威拉德·W·哈特普（Willard. W. Hartap）把侵犯行为区分为工具性侵犯和敌意性侵犯两种。工具性侵犯，即个体渴望得到一种物体、权力或空间，并且因为努力去得到它而喊叫、推搡、殴打或者攻击妨碍他人；另一种是敌意性侵犯，它意味着伤害另一个人，如威胁别人，甚至是去痛打一个同伴。工具性侵犯则是为了达到其他目的如渴望得到财物或权力，以伤害他人作为达到目的的手段；敌意性侵犯源于愤怒的情绪，以人为定向，目的是使他人造成痛苦或伤害他人（身体、情感和自尊等），如报复、支配等。例如，我们在幼儿园里会看到，有的小朋友会为了争夺玩具或者图画书会与同伴发生冲突，继而对同伴有侵犯行为如抢夺、推搡等，那么这种侵犯行为即工具性侵犯；但如果小朋友有意地攻击同伴，使别人哭，那么我们可以说这是敌意性侵犯行为。

（二）0—3 岁婴幼儿攻击性行为的发展特征

1. 攻击性行为的出现

20 世纪 30 年代，一批发展心理学家如彪勒（C. Buhler）、格林（E. H. Green）、谢莉（M. M. Shirley）等就曾对攻击性行为进行了许多观察研究。他们的研究表明，至少在婴幼儿出生后的第二年，婴幼儿与同伴之间的社会性冲突就开始了。美国心理学家霍姆伯格（M. S. Holmberg）在 1977 年的《12—42 个月婴幼儿社会交流模式的发展》研究中也得到了相似的结果。霍姆伯格发现，他所观察的 12—16 个月的婴儿，其相互之间的行为大约有一半可被看作是破坏性的或冲突性的。他还发现，随着婴幼儿年龄的增长，婴幼儿之间的冲突行为呈下降趋势。到 2 岁半，婴幼儿与同伴之间的冲突性交往只有最初的 20%。

2. 攻击性行为的发展的频率和时间

1984 年，D. F. 海（Hay）总结前人的研究，对婴幼儿冲突行为的发生频率和冲突持续的时间作了较为全面的评估，他系统地研究了前 50 年里发表在 3 个国家的有关刊物上的 10 篇研究婴幼儿冲突行为发展的报告，这些报告共包括 31 组婴幼儿冲突行为的发生发展情况。D. F. 海对这些报告中的数据作了换算，结果发现，31 组婴幼儿（年龄在 18.4—62 个月之间）的冲突行为发生的平均频率为每小时 5—8 次。关于婴幼儿冲突行为持续的时间问题，有人发现，婴幼儿之间的冲突一般持续 31 秒左右。艾森伯格（A. R. Eisenberg，1981）发现，92% 的婴幼儿与同伴之间的言语冲突持续时间在 10 个回合之内，66% 的在 5 个回合之内。其他一些研究者也发现了类似的结果，如奥凯菲（O'keefe）和比纳特（Benoit）发现 2—5 岁婴幼儿之间的言语冲突平均持续 5 个回合左右。

3. 攻击性行为形式的变化

20 世纪早期的一些研究人员还以言语侵犯和身体侵犯为区分标准研究了婴幼儿侵犯形式的发展变化。结果发现，婴幼儿在 2—4 岁间，侵犯形式发展的总的倾向是：身体侵犯逐渐减少，言语侵犯相对增多，到 3 岁止，婴幼儿的踢、踩、打等身体侵犯逐渐增多；3 岁以后，身体侵犯的频率降低，但同时言语侵犯却增多了。

美国心理学家威拉德·W·哈特普(Willard. W. Hartap)认为这种现象的产生主要是因为年龄小的婴幼儿更多的是工具性侵犯,而年龄较大的婴幼儿则较多地使用敌意性侵犯或者以人为指向的攻击。年龄较小的婴幼儿更多地依靠身体上的攻击,而年龄较大的婴幼儿由于言语和沟通技能的发展,他们更多地采取言语而不是身体的攻击。

4. 攻击性行为的性质

在婴幼儿早期冲突行为的性质问题上存在着两种不同的观点。30 年代的蒙德雷(M. Maudry)、那古拉(M. Nekula)等早期的一批发展心理学家认为婴幼儿早期的冲突行为不具备特定的社会意义,因而在本质上是一种"社会性盲目"(Socially blind)。也就是说,婴幼儿的早期冲突其性质不同于大龄婴幼儿以及成年人之间的冲突,后者的特点是敌意性动机,即使他人感到痛苦。

另一种观点则肯定婴幼儿早期冲突行为的社会意义,持这一观点的研究者认为婴幼儿在冲突中"可能既受引起冲突的客体所具有的社会意义又受其客观刺激特性的影响"。D. F. 海和 H. S 罗斯发现,婴幼儿之间的冲突包含着具有社会意义的事件,这些事件与以后各年龄阶段中婴幼儿之间发生的侵犯性相互作用是相同的。幼儿在冲突中不仅关心空间和物品问题,而且还会因同伴的行为是否违反社会规范等问题而发生争吵。这些与大龄婴幼儿争吵的内容是相似的。因此,尽管婴幼儿之间的冲突可能不具备大龄婴幼儿和成年人的侵犯行为所具有的全部特征(如特定的伤害意图),但是,它们的确具有一定的社会性,不能轻易地称之为"社会性盲目"。

1982 年 D. F. 海和 H. S. 罗斯对 24 对年龄为 21 个月的婴幼儿的冲突行为进行了观察研究。他们的研究方法和过程是在游戏室里进行了 4 次观察,每次时间为 15 分钟,结果发现 87% 的婴幼儿至少参与了一次冲突,其中 79% 的冲突是在没有成人干预的情况下由婴幼儿自己终止的。这些冲突大多数(72%)与争夺物品有关,其余的要么纯粹是人际间的冲突,要么是争夺物品与人际冲突混合在一起。实验结果表明,婴幼儿做出的不同行为将会引起同伴不同的让步。例如,操作性行为(即拖拉玩具、积极抵抗)比交际性行为(手势、言语表达、请求)更容易使同伴让步。这个实验还表明,冲突过程中婴幼儿的言语活动通常与他的社会性定向一致,冲突中婴幼儿的动作(行为)并非随意选择的。通常情况下,婴幼儿喊叫物品的名称是为成功地得到同伴的物品(49%),或者是为保护自己的物品不被抢走(33%)。相反,否定词("不"、"不能")和肯定词("我"、"我的")则在防卫和抗议同伴时使用。这项研究的意义在于它涉及这些早期冲突的社会性质问题,为我们了解婴幼儿早期的社会性相互作用与侵犯行为发展之间的关系提供了一定的证据。

二、0—3岁儿童攻击性行为的影响因素

对于攻击性行为产生的原因,许多学者和流派有着不同的意见。生物本能论认为,争斗和攻

击是人与动物的本能。挫折——攻击假说认为,攻击是个体遭遇挫折后产生的。认知学习理论则认为攻击性行为是因为攻击者向他人学习的结果,是通过社会化和文化适应以及观察学习的结果。攻击性行为的形成并非受某一单一因素影响,而是在多种因素影响下形成的,0—3岁儿童的攻击性行为发生的动机和性质不同于人生的其他时期,主要受到以下几个方面因素的影响:

(一) 生物因素

1. 基因

近来,荷兰和美国科学家研究发现,某些男性身上表现出的侵略、冲动和暴力行为的倾向可能因某种微小的基因缺陷而引起的。但是,基因并不是婴幼儿攻击性行为产生的决定因素。比较合理的说法是,婴幼儿遗传了某些先天性的基因倾向,这种倾向会在后天的环境中得到表现或强化。

2. 气质

神经类型的差异带来了婴幼儿气质上的不同。有的爱哭爱闹,难以照看。有些则易于相处,适应性强。人们发现"难带的婴儿"(即不稳定、不可预测、难以抚慰的婴儿)在日后更容易发展攻击性行为模式。在一项研究中,分别在6个月、13个月、24个月时被评为难带的婴儿,到3岁时被评为具有更高的焦虑、活动过度和敌意。这实际与父母的态度有关,父母对不同气质的婴儿会采用不同的方法抚养,这反过来又可能影响着以后的攻击性的出现。

3. 激素

还有一些研究证明攻击性行为倾向与雄性激素的水平有关。在关于动物的研究中发现,雄性动物在被激怒或者受到威胁的时候,比雌性动物更容易产生攻击性行为。还有研究将雄性动物分泌的激素注射到雌性动物体内,而引起了雌性动物更多的打架行为及其他方式的攻击行为的表现。这在一定程度上可以解释男女婴幼儿在攻击性行为上的性别差异。

(二) 个体身心发展水平的因素

1. 婴儿期语言发展的影响

3岁前婴幼儿处于理解言语和积极言语活动的发展阶段,即婴儿对成人所说言语的理解不断发展,但本身的言语交际能力却发展较慢。一般来说,在1.5—2岁这个时期,婴儿对词义的理解逐渐加深,词的概括性也随之形成。当词的语音对婴儿已经具有一定的概括性意义,那么婴儿已经开始掌握词汇。但是,成人如果没有有意识对婴儿施加影响,比如经常和他们说话,并且引导婴儿发声表达,那么婴儿很难较快地掌握词汇,他们表达单词句和双词句的发展速度也会减慢,从而导致婴幼儿无法用语言表达自己的意愿。因此,婴儿要想表达自己的想法,只能通过乱动、抓人、撞人等身体动作来进行。例如被别人抱着的婴幼儿想往前走就使劲把胳膊往前伸,目的就是想让大人抱着往前走。

2. 婴儿期身体动作发展的影响

我国心理学家朱智贤认为0—3岁是婴幼儿的身体动作发展的敏感期,在这个时期的婴幼儿学会了随意地独立性行走,手的动作也有了相当的发展,因而可以准确地玩弄和操纵他所熟悉的物体。当处在这一时期,婴幼儿的认识范围因为动作的发展扩大了,他们不仅可以主动地接触物体,还能从各方面来认识物体。例如,我们会看到有的婴儿对纸巾有这么一些操作:晃一晃,听听有什么声音;放到嘴里,尝一尝是什么味道;撕一撕,感受其硬度和韧度;扔一下,看看能走多远。那么这些都是婴幼儿从各方面认识物体的动作。所以当周围的人或物成为婴幼儿想要认识探索的对象时,他们常会表现为打人、咬人、抓人、踢人、冲撞别人、夺取别人的东西或摔打东西等现象。

3. 婴儿情绪发展的影响

新生儿存在三种基本情绪反应,即恐惧、愤怒和爱。随着婴儿的发展,各种情绪不断分化、发展,如愤怒引起仇恨、大怒;情感的发生也更多地与知觉、体验、人际交往相联系。"挫折——攻击假说"认为人类的攻击行为是由挫折所致,所谓挫折就是某种正在进行的活动受阻。持这一假说的学者做了一些相应的实验来证实挫折与侵犯攻击行为的关系,他们将分成实验组和对照组的两组婴儿面前摆上了足够吸引人的玩具,对照组的婴儿可以任意地玩耍,实验组的婴儿只能看这些玩具而不能玩,因此受到挫折。他们的观察记录结果显示受挫这组的婴儿比没有受到挫折组的婴儿在以后的游戏行为中更具有破坏性。因此,当婴儿活动(包括与知觉、体验、人际交往相联系的活动)受阻或受到挫折时,很可能心里感到不满就变得异常愤怒进而出现抓人等现象。而这种发泄愤怒情绪的表现方式,可能就是孩子最早的攻击性行为的征兆。

(三)家庭环境的影响

1. 家长的榜样作用

社会学习理论认为,攻击性行为是儿童观察和模仿的结果。婴幼儿习得攻击性行为,最重要的是他们从成人、同伴、文学作品、影视片中看到或听到了攻击性行为的榜样。对0—3岁的婴儿来说,每天的时间大都与主要抚养者一起度过,而模仿又是他们最重要的学习方式,因此婴幼儿会模仿他们的主要抚养者(如父母)的许多行为。主要抚养者对婴儿期的婴幼儿具有榜样的性质,在潜移默化中被孩子模仿和学习。例如,最近妈妈发现快两岁的帽帽会经常出现挥手打人的动作,而妈妈和爸爸都没有在帽帽面前做出这一类的动作。后来妈妈留心才注意到外婆在帽帽调皮捣蛋不听话时,会做出挥手准备打帽帽的吓唬动作,原来帽帽的这一攻击行为是从外婆那里学来的。帽帽的爸爸妈妈都是医院的护士,工作时间不固定,所以帽帽大多数时间由外婆照顾。因此,主要抚养者及其行为成为影响婴儿攻击性行为产生的一个重要因素。如果家长经常出现诸如打人之类的行为被婴儿看到,那么婴儿就会在日积月累的模仿中习得并重复同样的行为。

2. 家长教养方式的影响

有研究表明,婴幼儿的攻击性与家长教养方式有关。高攻击性的婴幼儿大多数来自"绝对权威"和"过度溺爱"型家庭,这两类家庭类型的共同特征是对婴幼儿限制的失当。"绝对权威"型的父母过于控制婴幼儿的自主性,易使婴幼儿产生逆反心理,产生对抗的要求,并常常从父母的言行中学会攻击。"过度溺爱"型父母则完全放弃对婴幼儿的限制,使婴幼儿的利己排他行为滋长,一旦他们的某种需要受到限制,就会大哭大闹,以反抗来达到目的,从而导致攻击性行为的产生。所以,家长过分溺爱孩子、过分要求孩子、过分放任孩子也是造成幼儿攻击性行为的重要原因。

3. 家庭的情绪氛围的影响

成长于充满矛盾与冲突家庭(例如家长之间的不和谐,经常发生争执吵闹,子女之间也不友好相处并有对抗性的反应)的婴幼儿容易出现情绪困扰和行为问题,包括攻击性行为。帕德森观察了高侵犯性婴幼儿亲子间的交往,然后与正常婴幼儿比较,在发现高侵犯婴幼儿成长的家庭,家庭成员间经常变相冲突。家庭中的影响是多向性的,不仅婴幼儿会受到家长、手足的影响,婴幼儿自身的特点也影响到父母的态度、育儿实践以及手足感情。创设一个良好的家庭氛围对减少婴幼儿的攻击性行为是必要的。例如,2 岁半的平平对突然出现的妹妹有敌意,她会趁家长不注意时对妹妹有侵犯行为,比如突然一掌拍打正在爷爷怀里睡觉的妹妹。爸爸妈妈发现平平的行为后,就经常告诉平平要关心和爱护妹妹,因为妹妹也爱平平,而爸爸妈妈对平平的爱也不会因为妹妹的出现而减少。之后,平平对妹妹的侵犯行为也就渐渐地淡了。

三、0—3 岁儿童攻击性行为的应对策略

攻击性行为从发生情况来说也可以区分为有偶发性与习惯性。一般来说,偶发性的攻击性行为会随着婴儿的成长过渡而消失,但是如果婴幼儿在成长过程中养成攻击性行为习惯,就需要引起家长足够的重视。研究证明,3 岁时爱打架的宝宝,5 岁时仍然爱打架;6—10 岁时攻击性的多少将预示着 10—14 岁时打架、嘲笑、戏弄别人、与同伴争斗的倾向性。而且这种稳定性对男孩、女孩都适用。所以我们应该采取恰当的措施,对 0—3 岁婴幼儿的攻击性行为进行合理有效地引导、干预和矫正。

(一) 为婴幼儿创设良好的生活环境

美国婴幼儿教育专家的研究指出:与其运用惩罚来矫正婴幼儿的侵犯行为,不如通过创设环境来矫正其侵犯行为。创设良好的生活环境,首先抚养者要为婴幼儿树立正确的行为榜样,做到言行一致,以身作则。父母如果在平时生活中友善待人,彼此尊重,并且对孩子耐心悉心教育,那么孩子的亲社会行为会逐渐增多,攻击性行为则逐渐消退,也就是说在一个良好的家庭氛围中,

婴幼儿是最大的受益者;其次,家长可以为婴幼儿提供营养丰富的食品、足够的空间、合适的玩具和运动器材、有趣的书籍等,以满足婴幼儿成长和社会化发展中的各种需要,促进他们积极情感的产生;再次,家长还应帮助幼儿注意观察和实践人际互助,逐步向幼儿渗透交往规则,让他们掌握一些必要的交往技巧,并且鼓励他们与别人交往合作,那么幼儿就可以通过模仿学会谦让、帮助、合作等亲社会行为,继而强化而形成稳固的亲社会行为模式。

(二) 正确对待婴幼儿的攻击性行为

婴幼儿出现了比较严重的攻击性行为,家长或者教育者又该如何来对待和干预呢?

第一,家长和教育者要使孩子明白攻击性行为是不被允许的。如果孩子发生了攻击性行为,父母可以马上表明自己的态度:"我很不喜欢和不满意你打人的行为","对于你刚才的行为我感到很失望"等。需要注意的是,父母应该说清楚是对侵犯这一行为的不满意,而不是针对孩子。第二,让孩子认识到攻击性行为的后果,通过移情来教育。比如,让幼儿听听被侵犯者的痛苦的声音,看看其痛苦的表情,然后让孩子自己来想象被侵犯后的感受。这样可以让孩子学会站在别人的角度上看问题。第三,婴幼儿有时出现攻击性行为是为了吸引成人的注意。这时候家长和教育者可采用冷处理的方法,也就是暂时对孩子的行为表示冷漠,不理睬,在一段时间内不理他,用这种方法来"惩罚"他的攻击性,直到他自己平静下来。如果成人立马对婴幼儿的侵犯行为做出回应,那么婴幼儿则会认为这是得到成人关注并与自己互动的有效手段,从而出现更多的攻击性行为。

(三) 引导婴幼儿使用情感宣泄法

弗洛伊德认为,在人们受到挫折后,除非允许他们宣泄自己的攻击性,否则攻击性能量将受到抑制而产生压力。由于这种能量要寻找一条输出通道,因而便产生暴力行为。但是为了防止婴幼儿的攻击性行为而让幼儿压抑自身的侵犯情绪和动机,也是不利于婴幼儿的健康发展。相反,不良情绪压抑到了一定的程度,超出了阈值,那么就会像火山爆发一样难以甚至是不可控制。因此,成人应教会婴幼儿用各种合理的方式来宣泄体验到的侵犯性情感,做到"疏"而不"堵",这样既减少了其攻击性行为的产生,又使他们的不满情绪得到了释放。例如引导他们在适当的时间和场合内哭喊一通,及时疏导内心无法排遣的情感;还可以转移婴幼儿的注意力,让他们参加各种有趣的游戏和运动项目来消耗侵犯情绪所累计的能量。需要提醒的是:不能让幼儿通过摔打物品的方式来发泄其内心的不满情绪,因为大量的研究表明,这样的宣泄不一定能减少幼儿的攻击性行为,有可能还会在其宣泄后习得更多的攻击技能,产生更加强烈的攻击倾向。

"打人"会影响宝宝一生！

攻击性是一种稳定、持续的特性。心理学家对 600 名受试者进行了长达 22 年的追踪研究发现，无论男性还是女性，8 岁时的攻击性记录能有效地预测成年以后的攻击性行为，如犯罪、夫妻不和等。另一项研究发现，不论男孩还是女孩，如果 10 岁左右爱发脾气，长大后多与同事关系紧张。所以，宝宝攻击性的强弱将对他的一生产生影响。

宝宝为什么会打人？

原因是多方面的：

1. 自我意识开始萌发，事事都是"我"字当头。凡是不合我意的，我都不要、不干。于是动手"排除"我不要、不喜欢的东西，这就是打。

2. 与小朋友交往的技能很差。想要个东西人家不给，他又不会"要"，于是就打人。

3. 语言表达能力差。自己的想法、要求说不清楚，别人没有照做，情绪不好，就打人。

4. 喜欢看别的小朋友被人打以后哭的样子，缺少同情心。

5. 看电影、电视上有打人的镜头，很好玩，于是就模仿。

6. 父母娇惯。宝宝开始打人的时候没有严厉制止，形成了习惯。

7. 寻求注意。在孩子做好事的时候往往得不到足够的关注，而他很希望被注意。得不到关注的时候，只好做一些比较强烈的"动作"——打，来引起注意。

8. 一些生理因素导致烦躁，比如在饿了、累了、生病、出牙不舒服等情况下，打人就比较多。

9. 生活变化大，不适应。比如，搬迁、换保姆、上幼儿园等。不知怎么回事，又不会表达，于是挥动手臂，无目的地乱打。

专家的建议：有了打人的毛病必须重视，一旦形成习惯改起来就困难了，而且还会伤人。

从父母做起：

父母的态度决定着宝宝的行为：对宝宝冷漠、经常拒绝他的合理要求、无视宝宝表现出的"暴力"冲动，这样的父母容易培养出带有攻击性的孩子。因为他们总是挫伤宝宝的需要，在幼小心灵中埋下了对人漠不关心的种子；同时，靠体罚来约束宝宝，更让他懂得了如何才能伤害他人；有的父母过分溺爱，甚至觉得被宝宝打不算大事，一味纵容宝宝，也会使宝宝变本加厉；家庭成员间发生分歧时互相攻击、哭叫、打闹、吵架也会对宝宝产生潜移默化的负面影响。

所以,为人父母者一定要注意自己的言行,为宝宝树立正确的榜样。如何帮宝宝改掉打人的毛病?

首先,要创造良好的家庭气氛。父母不能对宝宝的"暴力行为"视而不见。如果宝宝打人了,应立刻抓住打人的那只手,同时严肃、坚定地直视他的眼睛,让宝宝感到自己错了,等宝宝情绪平静后,再和他讲道理。

其次,不要体罚宝宝。当宝宝打人时,父母千万不能用打宝宝的方式来惩罚他,最好"冷处理"——把正在哭闹的宝宝放在一边,告诉他父母很爱他,但必须等他哭完后再和他说话。这样的话只说一遍即可,不要多说,更不要向宝宝过多解释为什么。当宝宝情绪激动时,应避免出现越讲道理越僵,以致父母失去耐心的情况。

第三,积极的鼓励不可少。父母应以积极热情的方式对宝宝的良好行为给予鼓励。尤其是那些平时习惯打骂、呵斥、批评宝宝的父母,更应注意自己的态度。鼓励能够强化宝宝的良好行为,使宝宝表现出积极、正面的情感,促进向上发展。父母应对宝宝充满信心。

第四,父母应注意自己的反应。当宝宝在家里打人时,父母要表现出应有的尊严,不能对此一笑了之,甚至开心地享受宝宝发脾气时别样的可爱之处,更不应主动逗宝宝发脾气、打人。让宝宝感受到,自己出现攻击性行为时,他人正常的反应是什么。时间久了,宝宝明白这种行为不被人接受,自然会有所改变。

最后,为宝宝提供非攻击性行为发生的条件。如果明知宝宝自尊心脆弱,就不要拿他的弱点与其他宝宝的长处相比;多了解宝宝的需要以及独到之处,从他能接受的角度尊重宝宝;让宝宝独立做事情,担负一定责任,使他相信自己有能力;经常说"相信你能行"、"你能做到,再努力一下"、"妈妈为你骄傲"之类的话,以此打开宝宝的心扉,帮助他成长。

第四节　0—3岁儿童道德发展与教育

一、0—3岁儿童道德发展特征

(一)西方心理学界关于儿童道德发展的代表性研究

1. 道德认知发展理论

国外在研究道德认知发展方面的心理学家代表人物是皮亚杰和科尔伯格。

皮亚杰认为成熟的道德包括儿童对社会规则的理解、接受，以及他们对人类关系中平等和报偿的关注，因为平等和报偿是公正的基础。在 20 世纪 20 年代，他分别使用了自然观察法和对偶故事法来考察儿童对游戏规则的制定、完善、认识和执行的情况，对过失和撒谎的道德判断，以及儿童的公正观念。

他的著名的对偶故事是关于过失的：小男孩约翰听到有人叫他吃饭，就去开餐厅的门。因为约翰不知道门外有一张椅子，椅子上放着一只放着 15 个茶杯的盘子，结果他撞倒了盘子，15 只茶杯全都打碎了。另一个小男孩亨利想拿碗橱里的果酱吃，结果一只杯子被亨利打碎了。皮亚杰要求听完故事后的儿童判断约翰和亨利哪一个的行为更坏，即"哪个男孩犯了较重的过失？"结果发现不同年龄的儿童的判断标准是不同的，6 岁以下的儿童大多数认为约翰的过失较重，原因是他打碎了更多的杯子，而年龄大的儿童大多会根据行为的动机和目的来判断，他们认为约翰的过失比亨利的要轻，因为约翰打破杯子是在无意间发生的。因此，从这里我们可以得出年龄较小的儿童一般根据后果来判断行为的好坏，较少考虑到行为的动机和目的。

皮亚杰着重研究了儿童道德品质中的认知成分——道德判断，他认为儿童道德判断与智力发展是平行的，并且将儿童的道德判断分为三个阶段：前道德阶段（出生—4、5 岁）、道德他律阶段（4、5—8、9 岁）、道德自律阶段（8、9 岁以后）。0—3 岁的幼儿的道德处于前道德阶段，其思维的特点是自我中心主义，他们还没有形成真正的道德观念，因此不能对行为做出一定的道德判断，不知道什么是对、什么是错。在生活中我们有时会看到这样的情况：2 岁的孩子做错了一件事，成人非常生气，大声批评孩子后，孩子吓得大哭，成人问："你这样做对吗？"孩子含泪点点头，成人更生气了，问："你还对了？"孩子又连忙含泪摇摇头。这说明婴幼儿此时根本不知道何为对错，因此，皮亚杰称这一时期为"前道德时期"。

美国心理学家科尔伯格的"道德两难故事"，即一个故事中提出了两个相互冲突难以抉择的价值问题。他让儿童听完故事后，通过回答一系列的问题来判断他们的道德发展水平：人的行为是应该遵从规则和权威，还是应该遵从与此相冲突的他人的需要和利益。其中"海因兹偷药"最为典型：海因兹的妻子患了绝症，生命垂危。医生诊断只有当地一个药剂师发明的镭制剂才能挽救海因兹妻子的性命。但是镭制剂成本很高，需要 200 美元，药剂师又卖出了高出成本十倍的价钱。海因兹四处筹钱也只能筹到一半的价钱。海因兹恳求药剂师卖便宜一点，或者使用赊账的方式，但是药剂师不答应。海因兹为了挽救妻子，最后偷了药剂师的药。

科尔伯格通过研究两难故事法的大量研究资料，提出了他关于儿童的道德发展三水平六阶段理论。

前习俗水平（9 岁以前）：处于这一水平的儿童对是非判断取决于行为的后果，服从权威和成人的意见。此阶段又分为服从和惩罚定向阶段与天真的利己主义的道德定向阶段。

习俗水平（青少年时期）：这个水平的儿童判断是非能注意到家庭与社会的期望。包括好孩子定向阶段与维护社会权威和秩序定向阶段。

后习俗水平(青年后期):这个水平的主要特点是重视并履行自己坚信的道德观念,而这种观念可能是超越了法律的普遍原则,如正义、尊严和价值。包括社会契约定向阶段与普遍的道德原则定向阶段。

根据科尔伯格的理论,0—3岁儿童的道德发展处于前道德水平时期的初期。这一时期婴幼儿的道德判断是为了维护自己的利益,避免惩罚以及考虑他人对自己的好处而服从、遵守规则和权威。

2. 道德情感发展的理论

情感在道德发展中起到的作用主要是精神分析学派所强调的,特别是焦虑和内疚的影响。

精神分析学派的鼻祖弗洛伊德认为,本我、自我、超我三部分构成了人格的基本结构。本我是与生俱来的一种生物性冲动,它受快乐原则支配,只追求个人的快乐,要求满足本能欲望,不知道价值、善恶或道德。年龄越小的儿童,本我作用越重要,婴儿几乎全部处于本我状态,只追求基本需要的满足。但是本我必须通过自我来实现。自我是从本我中的一部分发展而来的,它遵循现实原则,是有意识的、理智的;其重要任务是根据外界现实原则来控制与约束本我。超我代表了社会的伦理道德,遵循的是理想原则。超我就是道德化了的自我,是人格中的良心、理想方面,它规定了一套行为模式监督自我,不管本我和现实有何种矛盾,只要自我不遵循这一模式,超我就以紧张的情绪责备自我,人们通常会感到焦虑,有卑劣感和罪恶感。

弗洛伊德认为,幼儿在生活中,为了逃避惩罚,处处以父母和他们所尊敬崇拜的人为榜样。随着年龄的增大,幼儿逐渐学到了父母和他人的各种道德观念和行为模式,并以此为准则来要求对比自己的行动。而父母的道德观念和行为模式则反映了社会所公认的价值观和行为规范,并作为自己行动的准则。这样,儿童的超我就形成了。所以弗洛伊德指出:"超我来源于父母和教师的影响,父母与教师在教育儿童时,也受到他们自己超我的指挥,因为他们的父母从前也使他们受严格的管束,结果儿童的超我实质上并非以他们的父母为模型(榜样),乃是以父母的超我为模型,因此有相同的内容,也保留着历代相传的风习。"总之,超我的形成过程就是社会化过程,也就是幼儿的价值观方面内化父母超我的过程。

埃里克森的理论则偏重于社会文化因素的影响。

埃里克森强调人的个性发展受到社会文化和自我的重要影响。他认为人的个性的发展持续人的一生,即社会化过程经历着整个一生。他提出个性发展有八个阶段,因为每个阶段矛盾的产生是与个人以外的其他人物有关,故称为心理社会发展。他认为0—3岁的幼儿正处于第一和第二阶段:第一阶段(0—1岁)是基本信任对基本不信任,这一阶段婴儿可以介入特殊的移情来感受到母亲的情绪状态。如果母亲有焦虑、不安宁、不信任的状态,那么婴儿也会受到感染从而产生焦虑的情绪,进而发展为不信任;第二阶段(1—3岁)是自主对羞怯、疑虑,这一阶段的婴幼儿的语言和动作的发展很快,可以摆脱父母,独立行走并主动接触探索周围的事物,他们能感受到自己的力量,发展了独立的能力。但是婴幼儿在很多方面还是得依赖成人,这又使他们感到疑虑。这一阶段矛盾的解决可以让幼儿形成自我控制和服从社会秩序,如果父母对儿童行为限制过多,就会使儿童感到羞怯,并对自己的能力产生疑惑。

3. 道德行为发展的理论

班杜拉认为儿童的大部分道德判断和道德行为是通过观察、模仿习得而改变的。他强调道德形成所受到的环境影响。班杜拉及其同事通过大量的模仿学习实验、抗拒诱惑实验、言行一致实验等研究发现,儿童是通过对榜样的模仿获得了许多道德判断的方式,儿童受到别人的行为尤其是那些他们尊敬的人物的行为的影响。他在一个实验中让5—11岁的儿童对故事中人物行为进行正确与否的判断,结果发现,儿童的道德判断不像皮亚杰所说的那样有年龄上的差异,更主要的是个人差异,这个差异主要是由于不同的社会环境、不同的社会文化、不同的成人及同辈榜样的影响造成的。儿童的道德发展是有阶段性的,但班杜拉强调的则是其中的个体差异、环境因素。这些观点对我们是很有启发的。

(二) 我国学者的研究

我国著名的幼儿教育专家卢乐珍教授认为学前儿童道德行为的实现需要有一定主客观条件,有一个将内在认识加以外化的过程。她提出儿童道德行为的习得的途径有服从约束和规则内化,模仿、认同和观察学习,社会交往过程中的信息反馈和自我调节。她通过长期观察、调查和实验研究,将我国学前儿童道德行为的发生和发展大体分为四个阶段:

第一阶段:前道德期或适应性社会行为期。0—1岁半的婴幼儿尚处于零道德规范期。

第二阶段:萌芽性道德行为发展期。1岁半—2岁孩子的好坏概念是十分模糊的,2岁以后的幼儿,能以好坏两极性道德标准引出合乎要求的某些行为,但道德评价仅着眼于自身的具体体验。

第三阶段:情境性道德行为发展期。2—5岁幼儿的道德感易受情境的暗示,道德动机易受当前刺激制约,带有明显的"道德实在论"特点。

第四阶段:服从性道德行为发展阶段。5—7岁幼儿还没有形成自己的是非善恶主观判断,他们的许多道德行为只是且只能执行和接受权威的判断。当他们的行为符合权威的要求,得到肯定的评价时,他们就感到安全感、归属感的满足和快慰;当违反要求时,就会产生羞愧、恐惧、躲避、忍受惩罚、承认错误、补偿后果及自我批评等行为。

二、0—3岁儿童规则意识与执行能力发展特征

规则是人类意识的产物,是保障社会正常运行的基本条件。有了规则,人类才能维持社会正常运行,但人类个体对规则的适应与顺应并非一种本能反应,而是一种后天的习得行为。处在最美好又漫长的童年期的儿童是在和一定的社会环境的相互作用中,逐渐尝试在遵守一定规则的前提下进行人际交往与社会生活。因此,在现代文明社会中,遵守规则是人们不断社会化的第一

步,也是人类最初的道德。

所谓规则意识,是指发自内心的、以规则为自己行动准绳的思想观念,是对规则认同并能自觉遵守成为行为习惯的稳定心理状态。

皮亚杰认为道德首先表现为一套规则系统,而这套规则系统是理性建构的产物。儿童对遵守规则的意识反映了他们特定的道德理性能力。皮亚杰的核心问题是,从儿童的观点来看所谓遵守规则是什么意思,儿童是怎样学会遵守规则的。皮亚杰通过对儿童弹子游戏的观察和访谈,证实规则意识的发展存在四个阶段:(1)运动阶段(儿童出生的头几年),(2)自我中心阶段(3—6岁),(3)早期的协作阶段(7—10岁),(4)普遍规则形成阶段(11—12岁)。皮亚杰以幼儿对规则的表现来阐述道德发展的模式,由此他描述了儿童规则意识的四个发展阶段,这四个发展阶段也是和儿童的认知发展和道德发展阶段平行的。

0—3岁的幼儿基本上是在第一阶段,也就是前道德阶段(0—4、5岁),这时候儿童知道有规则但不明了游戏规则的作用,不能用之调节游戏行动。皮亚杰发现两个3岁的男孩在玩弹子游戏时,均处在自己玩自己的状态,规则对于他们来说是游离在游戏活动之外的,他们相信规则却按照自己的方式玩。

当儿童发展到了道德他律阶段时,出现了服从别人规则的观念,特别是父母以及他们所尊重的人如教师提出的规则会无条件服从。但是他们的刻板印象严重,把规则看作是绝对的,不能更改。他们的游戏活动获得了丰富而稳定的规则,儿童通过规则能够很好地进行合作性游戏。在道德自律阶段时,儿童可以意识到规则的相对性,他们认为规则可以通过协商共识来改变,进而可以使游戏更加有趣和富有挑战性。

皮亚杰更多地强调儿童的规则意识、道德规范是其主动发展的。但也有心理学家认为个体规则意识的获得与形成受到遗传、人格特点、家庭教养习惯与教养方式、社会文化导向等多种因素的影响。朱智贤教授指出:"遗传只提供儿童心理发展以可能性,而环境和教育则规定了儿童心理发展的现实性。"

道德规范是具有约束力的规则,有两种产生方式。一是通过约束性的交往活动产生,是儿童和成人的人际交往方式的典型。一是通过协作性的交往活动产生,儿童同辈群体的人际交往方式是其典范。对于0—3岁的幼儿来说,家庭是他们生活与受到教育的主要场所,而父母是陪伴他们的主要对象。幼儿在与父母的人际交往互动中逐渐习得有约束力的规则,比如不能随地排便,不能碰危险的物品等。父母也会引导幼儿在与人交往(特别是和同龄儿童)中意识到符合社会要求的协作性规则,帮助他们掌握一定的交往技巧。因此,父母的教养习惯和教养方式对幼儿的规则意识的发展与培养有着不可忽视的影响。

幼儿的规则意识是如何从父母的要求和指导进而转化为自己内部的行为准则,再以此来规范自己的呢? 这就与幼儿成长过程中对规则的内化有着一定的关系。

很多研究者认为对父母提出的规则的服从是幼儿规则内化的第一步。克普(1982)认为12—

18个月大的婴儿就开始意识到某些行为规则,并且能够根据这些规则启动和抑制这些行为。大约从第 24 个月开始,婴儿可以逐渐在没有监督的情况下进行自我控制。林顿(Lytton 1975,1977)等明确地提出早期顺从是规则内化的前提条件,他们的研究发现 2 岁儿童的顺从与他们在预期到违反规则时的自我更正行为呈显著的正相关。

从幼儿 2 岁左右开始,即幼儿开始听懂语言并理解其意义的时候,父母开始提出一系列规则要求儿童遵守,并要求幼儿遵守这些规则,逐渐训练儿童在没有监督的情况下也能自觉遵守规则。因此,幼儿规则的内化也就逐渐开始形成和发展了:幼儿接受了父母的要求,并逐渐将这些外部的规则转化为自己内部的行为准则,即使在没有监督的情况下也能够按照这些行为准则行事,这就是规则的内化过程,内化的形成是儿童规则意识,甚至社会化进程中一个重要的里程碑。儿童首先服从父母提出的规则,并将它们内化为自己的行为标准。而后随着他们年龄的增长,在儿童社会化的过程中他们又逐步接受社会的行为与道德规范,渐渐形成自己的一套内部规则以指导行为。所以有研究者认为幼儿对父母提出的规则的内化是儿童道德行为的早期形式。

三、0—3 岁儿童规则意识与执行能力教育的主要任务

根据皮亚杰和其他心理学的研究成果,我们可以得出 0—3 岁儿童规则意识与执行能力教育的主要任务是强化幼儿的规则意识。那么父母和教师可以通过以下途径来帮助幼儿培养和强化规则意识。

(一) 对儿童提出合理的规则要求

幼儿对规则的内化的早期表现形式是对父母要求的服从。因此,父母可以从幼儿小时候就开始进行规则的训练和指导。但是要注意的是,对幼儿提出的要求要符合其年龄特征和身心发展的规律。如果要求过高过严,使幼儿难以达成实现,他们就容易产生挫败感和对自我的否定,在后来的规则训练中难以配合。

(二) 树立榜样

社会学习理论认为,幼儿的社会化受到榜样的重要影响。他们会观察和模仿周围的人,特别是他们尊重的权威,如父母和教师。因此家长和教师要为幼儿树立良好的榜样。

在一项个案调查中,调查者发现其调查对象鲁鲁规则意识缺失的根本原因在于家庭教育不当。鲁鲁父母并没有给鲁鲁提供适当的榜样供其学习与参考。由于鲁鲁父母的工作较忙,因此就放松了对自身的要求,家里的日常生活用品随处堆放,基本的家庭规则也都为了方便而被"省略"了。父母给鲁鲁制定的规则仅仅为了约束鲁鲁一个人。由于没有一个良好的榜样环境,这些规则最终形同虚设。

（三）让儿童参与规则的制定

父母应该尽可能让孩子参与规则的制订，尤其是涉及与孩子关系密切的事情。共同制订规则除了表示对孩子的尊重外，还会增强他遵守规则的自觉性。另外，规则内容务必明确、具体，不能给孩子讨价还价的机会，更不能"乞求"他遵守规则。

在托幼机构里教师引导幼儿提升规则意识和养成规则行为时，应该强调发展幼儿的自主意识。在一日活动中，教师可以根据实际情况大胆放手，以尊重为原则，以引导为手段，允许幼儿自己去思考规则和要求，探索规则和要求的合理性。

（四）通过体验后果，让儿童增强规则意识、养成规则行为

"自然后果法"是法国启蒙思想家、教育家卢梭在幼儿道德教育方面提出的教育方法。它是指当幼儿有过失行为时，成人不是去人为限制儿童的自由，而是用过失产生的后果去约束儿童的自由，从而使儿童明白其危害，并下决心不再重犯的方法。

事实证明，这是用来培养幼儿规则意识的一个比较有效的方法，它能帮助孩子内化规则，有效地控制自己的行为。例如，妈妈已经多次告诫涛涛不要去触摸滚烫的汤锅，但是涛涛一再挑战妈妈的耐性想要用手尝试。这时候奶奶却对妈妈说："别说话了，让他自己试一试。"结果涛涛果真烫到了手大哭起来，但是从此以后他非常自觉地远离汤锅了。

专栏　游戏中的规则

游戏是一种符合幼儿身心发展需要的快乐而自主的实践活动。游戏中的自主探索、动手实践与合作交流是幼儿学习的重要方式，幼儿在游戏中能形成与同伴协商、合作、交流的经验，同时形成幼儿基本的规则意识。

1. 为幼儿创设宽松、自主、和谐的游戏环境

充分利用幼儿园的教育环境，为幼儿创设自由宽松的人际氛围和可操作的游戏活动环境，引发幼儿在模拟想象的社会性游戏中发现规则，约束自我。遵守规则要首先为幼儿创设一个宽松愉快的心理环境。其次为幼儿提供自主选择游戏的物质空间，老师和幼儿一起根据游戏活动的需要收集图片、文字等废旧材料，根据幼儿的兴趣变化调整游戏的区域设置，根据游戏内容和不同水平幼儿的活动需要有针对性地增减活动材料，促进每个幼儿在原有水平上的发展。再次在各个游戏活动场所贴上标记，让幼儿可根据各个区域的人数要求进入区域活动，这样做既尊重了幼儿选择游戏种类的意愿，又规范了幼儿的行为，初步建立起看标记行动的规则意识。

2. 制定科学、合理的游戏计划

教师在观察幼儿游戏行为表现的基础上，联系每日、每周教育教学活动重点，制定适合幼儿年龄和发展水平的游戏计划，确定游戏内容及游戏方式，有目的、有计划地指导幼儿在活动中建立并执行游戏规则。

3. 教师加强对幼儿游戏过程的指导

游戏前让幼儿根据自己的意愿选择游戏，选择材料，选择伙伴，选择游戏场地，改变过去成人立规则、幼儿遵守的做法，让幼儿成为规则的主人；游戏前，教师要鼓励幼儿积极参与讨论制定游戏规则，讨论中充分发挥幼儿的自主性、创造性，培养他们发现问题、解决问题的能力。教师要根据幼儿小、中、大的不同层次进行引导教育，由幼儿自己制定能理解的游戏规则，更容易被他们接受和执行。教师积极参与到幼儿游戏活动中，观察每个幼儿在活动中的表现和需要，当幼儿之间产生矛盾或碰到困难时，教师以平等的、大朋友的身份适时介入游戏中，比如幼儿在角色游戏中因对角色及其行为规范理解不同而产生分歧时，教师就利用自己扮演的角色适时地引导幼儿分配角色，帮助幼儿获得游戏的方式和技能等，使游戏顺利地进行。每个幼儿具有不同的个性特点，无论在体力、知识、能力、行为表现及性格等方面都有很大差异，因此教师要观察幼儿在游戏中的表现，针对每个幼儿的特点，有目的地进行个别指导。对那些有进步、表现好的幼儿适时、恰当地加以鼓励和表扬，激发他们的内在动力，对游戏中个别有暴力倾向的幼儿，教师不能在集体面前严厉批评，这样做会挫伤孩子的自尊心，应单独转移注意力或进行个别指导，帮助幼儿改正不良行为，执行游戏规则。

游戏结束时，教师引导幼儿对游戏方法、交流方式、遵守规则的情况等进行评价，提升游戏的经验，请幼儿讲讲自己活动的过程，遇到的困难，解决的方法等，教师帮助幼儿将外在的经验转化为自身的经验，将成功经验提供给大家分享，通过评价加深对良好行为的认识。班内建立评价栏，幼儿相互监督，评价自己的行为，变被动为主动遵守游戏规则。

（资料来源　郝香茹.幼儿规则意识的培养[J].中国科教创新导刊,2008(24).）

第五章 0—3 岁儿童适应性行为的发展与教育

第一节 适应性行为概述

一、什么是适应与适应性行为

（一）什么是适应

适应（adaptation）一词源于生物学，用来表示能增加有机体生存机会的那些身体上和行为上的改变。在心理学中，适应是指个体在生活环境中，在随环境的限制或变化而改变、调节自身的同时，又反作用于环境的一种交互互动的动态过程。个体通过这一过程达到与环境之间的和谐平衡状态。适应是主体与客体之间的一种交互作用，一般而言主体依客观环境之要求作出必要改变和调适，以使自己的行为模式、思维方式和情绪情感能与环境相和谐。与此同时，客体也会因主体的改变作出相应的变化。

适应是人类重要的能力。在智力研究领域中，有不少学者将智力的本质定义为一种适应，从早期的科尔文（S. S. Colvin）到当代著名的认识发生论者皮亚杰都认为智力的本质是一种适应能力，例如科尔文将智力定义为"个体学习调节自己适应环境的能力"，平特纳（Pintner）则认为智力是对于生活和新情境的适应能力。皮亚杰则言简意赅地认为智力的本质就是适应。由此我们不难发现，适应的人的一项综合能力，由不同领域的技能所构成，其目的就是让主体能够与环境达成协调和谐。

（二）适应性行为

所谓适应性行为是适应能力的外在表现。对适应性行为的界定一直以来都没有完全达成共识,近年来人们普遍采用一种整合的观点对适应性行为进行界定,其中有代表性的是美国心理学家伯纳(Benner)的定义,他认为对适应性行为的界定则可从生理、社会和情绪角度加以考虑,生理性的适应行为包含诸如进食、保暖和回避危险等基本功能,其中自理技能是适应性行为的重要成分,它主要涉及穿衣/脱衣、吃/进食、便溺和梳妆等方面;社会性的适应行为则包含了基本的沟通需要、合作性游戏技能和恰当的玩具使用;情绪性的适应行为包含了可促进自尊和自我认同关系的形成的行为(Benner, 1992)。

另外,美国特殊儿童委员会(Council for Exceptional Children)儿童早期分会(Division for Early Childhood,简称 DEC)中有关推荐活动的执行部门(Task Force on Recommended Practies)就适应性行为提出了如下定义(DEC Task Force on Recommended Practies, 1993):适应性行为由儿童为满足多种环境要求,而随成熟、发展和学习发生的变化组成。在这些环境中的独立功能是儿童发展的长期目标。该定义是从教育的角度将适应性行为与儿童早期教育进行了衔接,并以此来定义适应性行为。

DEC 同时按照该定义对儿童适应性行为的构成进行了划分,提出了适应性行为的四个亚领域。所谓适应性领域应包含自我照料、社区生活的自我满足、个人—社会责任和社会调节等四个亚领域。

1. 自我照料

自我照料指的是穿衣/脱衣、吃/进食、便溺和梳妆,儿童在 3 岁以前就应具备大多数这类基本技能(Johnson-Martin, Attermeier 和 Hacker, 1990)。自我照料技能由一系列链状反应构成,即简单技能连接起来便可完成更复杂的技能任务。儿童需要按顺序学习每一步骤,例如,诸如穿上或脱下茄克之类的着装技能就要求一系列的序列行为。自我照料技能要求区分衬衣的前后、衬衣是否适于特定的天气或场合,还要求掌握大量的动作技能,因此,它与其他发展领域密切相关。例如,跟谈话技能一样,各种社会场景通常也要求个体具备恰当的进餐技能(Hom 和 Childre, 1996;Wolery 和 Smith, 1989)。

2. 社区生活的自我满足

所谓社区生活的自我满足就是儿童在成人指导下表现出与其年龄和文化背景相适应的功能。相关技能有:对选择与需要的沟通交流、在社区中的社会互动和行为等。为反映出与其发展年龄和文化相适应的能力,还需对儿童利用社区设施时的独立程度、生活场景的广阔性和复杂性进行相应调节。对幼儿而言,社区生活的自我满足涉及幼儿在成人指导下,在社区环境(如商店、图书馆、餐馆)中形成适宜其年龄和文化的功能水平。

社区生活的自我满足技能与其他适应性行为亚领域(如进食、便溺)以及诸如认知(如问题解决)、动作(如活动性)、社会和沟通交流等其他领域间互有重叠之处(Horn 和 Childre, 1996)。

3. 个人—社会责任

个人—社会责任亚领域包括基本的环境互动、自我导向行为、独立的游戏—自我控制、同伴合作与互动,以及承担责任等能力(如在穿越马路时左顾右盼)。

4. 社会调节

社会调节亚领域包括对新环境的调适能力、行为模式的规律性(如进食和睡眠)、气质、排除干扰而专注于任务的能力、注意广度和分心程度等。其中积极的调节反映了个体在环境要求和个体需要的场景中整合和使用这些技能的能力(Zeitlin 和 Williamson,1994),有效的调节可增进儿童获得发展技能、形成积极自我概念和建立有意义社会关系的能力(Williamson,1994)。有效的社会调节应该包含应对能力,应对是在日常生活情景中对发展性技能的整合与运用(Williamson,1996),应对行为集中于营养、安全和活动与休息的结合,以及追求兴趣爱好的机会和满足成就欲的动机等活动中(Horn 和 Childre,1996)。

二、0—3 岁儿童适应性行为的界定

根据适应内容和对象的不同,我们将 0—3 岁婴幼儿的适应分为个体适应和社会适应两个部分。前者主要强调个体维持各种资源的均衡状态而自我控制、自我调整的过程,其中最主要的就是自理能力。因为对于 0—3 岁的儿童而言,能够掌握最基本的生存性的自我服务能力是非常重要的。后者则强调个体对外在环境变化的应对与适应,如对物理环境的适应、规则意识、责任感、人际交往能力等等。虽然 0—3 岁儿童尚处于自我中心倾向很明显的阶段,但是他们已经开始了社会化的道路,并且开始与家人、亲戚、同伴等进行了初步的交往。在交往之初,就让他们掌握与其年龄相符合的技能,如对于不熟悉环境的适应、遵守环境中的规则、学习与他人相处等,能够为他们今后的人生开启一扇通往成功的门。

(一) 个体适应

对于 0—3 岁儿童而言,掌握初步的生活自理能力是个体适应的最重要目标。生活自理能力是指孩子在日常生活中照料自己生活的自我服务性劳动的能力。简单地说就是自我服务,自己照顾自己,它是一个人应该具备的最基本的生活技能。换言之,这些技能指的是与食物和温暖等基本需要有关的独立功能所需的各种技能,包括穿衣/脱衣、进食、便溺和卫生(如洗手、洗脸、刷牙)等。有调查表明,生活自理能力差的孩子,缺乏实际生活的经验,遇到生活中的新情况往往采取退避和依赖的态度,缺少探索的精神和积极性。而且 0—3 岁正是养成幼儿自己进食、盥洗、如厕等最基本生活技能的大好时期,例如自己吃食,研究表明,12 个月以上的幼儿就开始有自己进食的欲望,如果在此时能适当引导,多加练习,那么 18 个月的孩子就能很好地独立进餐了。而错过了这一时期后,幼儿自己进食的积极性会下降,会养成依赖成人喂食的习惯。一般而言,0—3 岁儿童应当掌握的自理技能应该包括(Chandler, L. K.;1993):

(1) 在日常生活中,注意到问题的存在;

（2）对个人归属的定位与留意；

（3）回避危险，并对警戒性言词做出反应；

（4）在一段合理的时间内脱下外套，再穿上它；

（5）尝试各种解决问题的策略；

（6）独自进食；

（7）留意自己的便溺需要。

（二）社会适应

0—3岁儿童的社会适应也因其活动范围的特殊性而有着自己独特的内涵。0—3岁儿童活动范围较其他年龄段的孩子狭小一些，以家庭内部和社区为最主要的活动场所。因此具体来说，0—3岁儿童社会适应包含了如下具体内容：

第一，与社区环境相关。在成人指引下在社区环境，如饭店、杂货店和游戏场所中进行与其年龄和文化背景相适应的活动。第二，与游戏活动场所相关，包括能在公共游戏场地活动，表现出一定的自我控制（self-occupation），能谨慎地回避危险的内容（Horn. & Childre，1996）。

有学者指出，应该以功能性生态理论（functional ecological approach）的框架（DeStefano，Howe，Horn. & Smith，1991；McDonnell . & Hardman，1988)来界定适应性行为。而且社会适应因儿童所处文化、地域和环境不同而不同，因此要确定0—3岁儿童适应性行为究竟包含了哪些技能，应该参照如下的标准来进行：

（1）以儿童、家庭/同伴和社区的独特需要和生活模式为参照；

（2）反映儿童与周围世界互动能力的那些技能；

（3）在生活中立即就会发生效用的技能，以及对未来有用的技能；

（4）应对儿童及其家庭的多种生活常规和活动的技能。

不同文化对这些技能的重要程度及应在何时获得这类技能存在不同认识（Peterson . & Haring，1989)，此外家庭独特的偏向和期望也决定着这些技能的获得。因此在识别用于确定儿童适应能力的行为时，应以儿童及其家庭、同伴和社区独特的需要与生活模式为基础。

三、适应性行为对0—3岁儿童发展的意义

（一）0—3岁是婴儿适应能力培养的最初时期

从出生到三周岁被称为婴儿期，是儿童生理发育、心理发展最迅速的时期。在这个阶段中，父母的期望、行为和一些生活标准会被婴儿内化为自己的期望和规则系统。在这一时期，婴儿对周围环境十分敏感，愿意听从成人的教导，喜欢模仿，极易受外界的刺激和影响。这个阶段的婴儿可塑性强而自控能力差，已有的不良行为极少，从而使良好习惯的养成有着事半功倍的效果。

总之,0—3岁是良好生活习惯养成的关键年龄,同时也是不良习惯沾染的危险期。因此,家长和早教工作者必须抓住这个时期,根据幼儿的身心发展水平,帮助幼儿建立良好的适应能力。

(二) 适应能力与健康发展

生活自理能力的发展尤其是良好生活习惯的养成保证了婴幼儿健康地发展。定时的起居饮食保证了婴幼儿的营养摄取和睡眠质量。同时,大脑皮层的兴奋和抑制在规律地活动中有节律地交替进行,提高了神经系统的工作效率,也使幼儿的情绪更容易保持在安定水平,因此规律的生活可以给予婴幼儿稳定的心理状态和良好的安全感。

(三) 适应能力与认知发展

幼儿的生活适应能力与认知的发展也有着密切的关系,对相关常识的理解与婴幼儿认知的发展相辅相成。在自我服务的过程中,幼儿有更多的机会接触和探索事物的特性,了解事物之间的关系和规律,而社会适应的过程也帮助幼儿了解人际关系,学习交往技能,掌握适应社会所必需的同情、分享和帮助等亲社会行为。

(四) 适应能力与个性发展

生活适应能力的发展所带来的积极情感体验促进婴幼儿自信、自主等性格的形成。幼儿的年龄特点决定了他们的一些行为是自觉的,而更多的行为是不自觉的,自理能力的养成过程中需要毅力、自信心等个性品质的支持,所需要的自制、毅力对造就责任感等良好的个性品质有着重要意义,并且,婴儿通过习得对自己身体的控制,解决该年龄阶段所面临的人格危机,建立自主性,对此后形成健康的人格有着深远的影响。

第二节　0—3岁儿童自理能力的发展与教育

自理能力是个体照料自己的日常生活,懂得生活常识,并能比较熟练地解决生活中经常遇到的困难,掌握基本的生活技能和劳动技能的能力,是人赖以生存的基本能力。个体从出生时全依赖型的自然人发展成为独立的社会性公民,必须完成个人的社会化,对幼儿来说,自理能力的发展是社会化过程中的重要组成部分。

幼儿的自理能力即指幼儿在日常生活中照料自己生活的自我服务能力,主要包括自我照料和环境照料。培养幼儿具备健康的生活卫生习惯及基本的生活自理能力是《幼儿园教育指导纲要(试行)》中对健康领域提出的重要目标之一。儿童心理学研究表明,0—3岁是幼儿生活自理能力尤其是良好生活习惯初步形成的关键时期,同时,幼儿生活自理能力的形成,有助于培养幼儿的责任感、自信心以及处理问题的能力,对幼儿今后的生活将产生深远的影响。

一、当今家庭婴幼儿自理能力培养的误区

(一) 家长缺乏培养婴幼儿自理能力意识

如今,多数幼儿是独生子女,家长对孩子十分溺爱。家长更多地考虑幼儿在生活上的舒适、身体生长上的满足以及智力上的发展,将家庭教育片面地理解为对孩子进行读书、写字、画画、弹琴等知识技能的训练,忽视了在吃饭、穿衣、睡觉、个人卫生等方面生活自理能力的培养,在生活照料上家长面面俱到,事事代劳,这使得幼儿形成一种错误的认识:自己不愿意做的事父母会帮着做,并认为这些都是理所当然,自然会养成依赖心理,独立的愿望也会渐渐消失,从而错失培养幼儿自理能力的时机。

(二) 家长缺乏对婴幼儿身体发展的认识

许多家长缺乏对婴幼儿身体和心理发展的认识,对其能力的发展不能很好地把握,总认为孩子还小,能力不够,应该受到细心的照顾,而这些事长大了自然就会做了。事实上,由于动作和语言的发展,1岁半左右的幼儿就会开始产生摆脱成人依赖、自己做主的倾向,而如果此时就能够尊重和利用好孩子的主动性,让其体验到"自己能"的愉快,就能够保持其自我服务的积极性,同时也逐渐地发展了其自我服务的技能。

(三) 家长没耐心,怕麻烦

幼儿的身心都处在不断发展之中,尤其是0—3岁的婴幼儿,从完全地被他人照料到逐步尝试自我服务,在这个过程中一定会出现很多的不足,主要的特点就是做事动作慢、质量差,常常事情没做好,反而给家长增添了额外的负担。因此家长很容易因为怕麻烦,图好、图快,自己帮着做。比如:孩子自己吃饭却吃得满身满地都是,家长就认为还不如自己喂得又干净又快;孩子自己走路边走边玩,身上也弄得很脏,家长就干脆抱起来走等等。许多家长认为有教孩子的时间自己早就帮忙做好了,从而不仅失去了培养孩子自理能力的机会,同时也伤害了孩子的自尊心和自信心,久而久之,孩子也就对自我服务失去了兴趣,妨碍了其独立性的发展。

(四) 家长缺乏对婴幼儿自理技能的具体指导

0—3岁儿童身体的协调性、手指灵活度都不是很好,做事难免慢而粗糙,加上幼儿的注意广度有限,做事时难免顾此失彼。面对这种情况,家长常常不能理解,有时会催促孩子或者干脆不让孩子做,而很少会考虑如何对孩子进行指导。事实上,由于认知水平和经验的限制,很多对成人来说看似简单不需要加以特别说明的小事都可能让孩子不知所措,因此家长在培养孩子的自

理能力时,不能只知道让孩子做,自己却不示范也不解释,而是应当在孩子需要帮助时为其指明方法,比如示范正确的步骤,或者提示他们需要注意些什么。

二、0—3岁儿童自我照料能力的培养

(一)0—3岁儿童自我照料能力的发展特征

1. 新生儿时期

这一时期,婴儿因其生理发展的情况,无法实现自我服务,主要是被动地接受成人的照管,体验睡眠、喂养、清洁卫生等生活过程。

2. 3—12月龄

与新生儿相比,这一时期的幼儿与环境的互动开始带有更多的主动尝试。因而在生活自理能力方面,幼儿顺应生理节律逐步形成自然入睡、定时入睡的规律睡眠习惯;在参与适当的室内外活动中,利用玩具、奶瓶、盥洗用具等生活用品和生活环境练习抓握、翻身、扶、坐、爬等基本生活技能;适应并乐意配合接受成人为其穿衣、剪指甲、理发和盥洗;在末期能够逐渐适应添加辅食,尤其是适应固体食品,同时开始学习坐盆排便。

3. 13—24月龄

在生活自理能力的养成上,这一时期的幼儿逐步度过离乳期,生活有规律并能够在成人的提醒下逐步养成睡眠、进餐、盥洗的好习惯。在吃饭时尝试自己用小勺进食,形成定时、定位、专心进餐的良好习惯;排便逐步形成一定规律,会用言语或动作表示大小便;更好地练习独立行走、跑,开始学着自己玩、收玩具;在成人的帮助下学着盥洗、穿脱外衣鞋袜等。

4. 25—36月龄

这一时期,幼儿的粗大动作发展更加完善,在睡眠上可以按时上床、安静入睡;吃饭时可以自己用小勺自主喝水;开始模仿成人做事,会主动尝试自己穿脱衣帽鞋袜,自己洗手洗脸,主动如厕;养成初步的环境适应能力,并在练习钻爬、上下楼梯中养成初步的自我安全保护意识。

(二)0—3岁儿童自我照料的具体内容及其培养

0—3岁婴幼儿身心发展都很不成熟,这使得其自我服务的能力十分有限。因此,0—3岁婴幼儿自我照料的主要内容是养成良好的生活习惯以及自我服务的意识。生活习惯是一个人最基本的习惯,而0—3岁是个体良好生活习惯养成的最初时期,也是关键期。家庭是幼儿生活的第一个也是时间最长的场所,因此家庭环境和父母对幼儿良好生活习惯的养成有着潜移默化且深刻持久的影响。

良好生活习惯的养成有利于幼儿身体和智力的健康发展。良好的生活习惯能保证幼儿营养全面、睡眠充足、运动适量,因此保证了幼儿身体的正常发育。而起居、饮食、游戏等按照规定的

时间、顺序进行,使得幼儿大脑皮层兴奋和抑制过程有节奏有规律地交替进行,不易疲劳,能提高神经系统的工作效率,使神经细胞在最低消耗的基础上得到最理想的工作效果。良好的生活习惯可以使幼儿注意力集中,保持时间相对持久,在劳动和游戏时精力充沛、心情愉快,使观察、记忆、思维、想象等智力活动更容易发生,并在较好的水平上进行。

良好生活习惯的养成不仅保证婴幼儿身体的健康发展,同时对幼儿自律、有责任感等性格发展有重要意义。例如:按时就餐睡眠,看似平常,但在幼儿的心灵中则会留下守时、自制等优良品质。良好的生活习惯也使幼儿更好地发展适应社会的能力,尽早地形成自主坚韧、自尊自信的性格。

1. 如厕训练

幼儿的独立大小便训练是儿童发展和家庭抚养的一个重要内容。大小便训练的质量不仅会影响幼儿今后的排尿和排便问题,而且影响幼儿的自我概念、自主性、社会技能等社会性的发展。良好的大小便训练使幼儿通过逐步控制自己的肌体,体会自豪感和责任感,不良的大小便训练则可能造成日后社会技能方面的问题(如社会退缩)。

(1)如厕训练的生理基础及年龄特征。幼儿的如厕训练是一个循序渐进的过程,受到婴幼儿生理和心理发育的制约和影响,因此如厕训练应建立在婴幼儿直肠括约肌、膀胱括约肌和排便器官等发育成熟,心理状态准备完毕的基础之上。

研究表明,对肠和膀胱的条件反应的自由控制大约在 9 个月时出现,因此在这之前婴儿对排泄几乎没有意识。

12—18 个月的孩子能逐渐意识到排便的需要,他们可能会突然停下手头的事情,面部表情也会出现片刻的变化,并开始以自己的方式,如"嗯嗯"的声音引起成人的注意。但一般来说,18 个月前的婴儿通常在裤子尿湿后才会告诉成人。

18—24 个月,幼儿感知能力增强,这时他们能够更清楚地感觉到自己是否想排便,并且排便的时候知道自己在做什么。语言能力发展的成熟使他们能够更清楚地表达排便的意愿,此阶段的幼儿在白天会控制大小便,排尿前常会告诉成人。而这时大动作所需力量以及神经发展更加完善,在训练中需要的合作也在这个阶段产生,因此,美国儿科学会(American Academy of Pediatrics, AAP)建议,对幼儿的大小便训练应在 18 个月后开始。但肠和膀胱自制达到完全发展的标志直到 2—3 岁才得以确认,因此大小便训练是一个不断发展的过程,并且,幼儿理解大小便和成功完成训练是有个体差异的。

研究数据显示,约有 75% 的孩子 36 个月时,夜里不再尿床,也就是在夜里也知道告诉成人自己的大小便需求。

(2)如厕训练的步骤。一般来说,幼儿的如厕训练会经历这样三个阶段:

第一阶段:如厕训练的开始阶段。不要让刚戒掉尿布的孩子直接坐到马桶圈上,这样孩子会觉得太突然,最好在正式训练之前让孩子对自己的马桶熟悉一段时间。建议为幼儿准备专用的便盆,这样他/她就可以"宣称"这是他/她自己的,使幼儿能更快地接受和适应它。

第二阶段:当孩子熟悉了便盆以后,就可以很随意地建议他把盖子打开,像成人使用马桶一样地使用它。如果孩子想站起来的话,成人不要阻拦,无论他在上面坐的时间有多短,这种经历都是有用的。要让孩子充满自豪地自愿坐上去,而不要让其有压迫感。

第三阶段:当孩子对便盆产生兴趣并且愿意配合的时候,就可以在他/她表示想要大小便的时候,让他/她坐上去。对于男孩子而言,在初始阶段最好大小便都坐着完成,等到他能够自如应对便盆后再尝试训练站着小便。

当幼儿可以成功地在便盆中留下一些东西时,他/她便会感受到使用便盆的乐趣,此时应对他/她给予鼓励。像学习其他技巧一样,使用便盆可能不会一开始就成功,而是需要一些练习,家长应有足够的耐心,也可以寻找一些有趣的方法使幼儿在训练过程中更有动力。

2. 进餐习惯

婴儿期是生长发育的关键期,因此营养的摄入非常重要,它影响着宝宝未来的身高体重、身体素质、甚至是智力的发育。所以,每一个家长和早教工作者都把孩子的吃饭问题看成一件大事。要解决好孩子的吃饭问题,培养良好的进餐习惯非常重要。但在实际生活中,许多父母常会发现尽管吃饭时几个人围着一个孩子转,一顿饭下来孩子却没吃几口,吃了半天,饭还含在嘴里,任凭爸爸妈妈们用尽了所有的方法威逼利诱,围追堵截,宝宝就是不好好吃饭。

有研究者在观察幼儿,访问家长中发现有80%以上的孩子存在偏食挑食、吃饭过慢、饭量小、饭后要零食、吃饭不专心、边吃边玩耍等不良的饮食习惯。研究者也发现,对孩子饮食习惯起着至关重要作用的是家长的态度、喂养方式,家长自身的饮食习惯以及家庭结构等因素。对于孩子吃饭问题,家长越是表示出特别的重视,孩子反而满不在乎,或者特别讨厌吃饭,喂饭花招越多,孩子反而越是食不知味,心不在焉;家庭人口越复杂,关注孩子的人越多,家庭内部的育儿观念越不一致,孩子的不良习惯也就越多。家庭人口简单,照看人固定,教养方式统一的家庭,孩子的良好习惯也就更多。孩子爱不爱吃某些食物,也不排除一些遗传因素,但是成人的言传身教、良好的饮食习惯,比一大堆的语言说教要更加管用,对孩子的影响更大。

婴儿刚出生时即有吮吸动作,吮吸奶头奶嘴对婴儿来说是先天就具备的能力。而早在三四个月的时候,甚至刚出生的婴儿,都能接受用勺子喂奶,但此时的婴儿用勺子的方式与奶嘴的区别不大,都是采用吮吮的方式。

5个月左右,通过尝试,婴儿开始可以用杯子直接喝水。当然,从喂养上来说,从奶嘴直接过渡到杯子跨度稍大,可以先尝试用鸭嘴杯进行过渡,鸭嘴杯孔小,可以防止婴儿因呛水引起的不愉快体验。15个月以前的婴儿用杯子喝水,都难免会四处洒,但这之后婴儿就具备了自己端着杯子喝水而不弄洒的能力。这是一个婴儿不断尝试的过程,如果先前没有这样的锻炼机会,那么即便到了2岁,婴儿可能还是无法很好地掌握用杯子喝水的技巧。

一般到了9—10个月的时候,婴儿开始正式接受用勺子吃东西,但是仍然需要成人喂。1岁半左右,婴儿才能自己用手握勺子吃饭,但是不能保证桌面干净。两岁以后的儿童进食种类和方式都开始向普通成人趋近,到 3 岁左右,幼儿几乎已经可以和成人吃同样的食物了。

孩子在成长过程中的每一阶段都有不同的进食需要,但即使在新生儿期也应当养成定时进食的习惯。当母乳充足时,婴儿的胃肠能够形成每隔 3—4 小时分泌消化液的规律,因此应隔 3—4 小时喂一次奶,同时,在哺乳的最初阶段就应当让婴儿养成专心吃奶的习惯,减少外界干扰,母亲也不要引逗孩子,更不要边吃边玩。两三岁的孩子会比以前吃得少,因为这时候孩子开始有了好恶的感觉,也开始有偏食的现象,喜欢吃的就不停地吃,不爱吃的就完全不吃,全凭自我喜好来决定,于是饮食量也就不固定了。身体运动能力的发展使得孩子的运动量随年龄增长逐渐增加,饮食量也会随之变化,这都是孩子在成长期间重要的现象。

作为家长要想改善孩子进餐习惯不良的现状,就要耐心、理性地分析原因,制定相应的措施,坚持养成良好的进食习惯。根据幼儿的身心发展特点,家长可以尝试通过游戏化的餐前准备、创设良好的进餐环境、培养幼儿正确地使用餐具和正确的进餐姿势、教幼儿正确的咀嚼方法等策略来帮助幼儿在轻松愉快、形象又充满趣味性的氛围中养成良好的进餐习惯。

3. 睡眠习惯

婴儿需要保证充足的睡眠,6 个月以下婴儿神经系统发育尚未成熟,兴奋持续时间短,容易疲劳,过度疲劳后容易转入抑制状态从而进入睡眠。同时,睡眠时分泌旺盛的生长激素促进组织蛋白合成,加速全身各个组织,尤其是骨骼的生长。睡眠时身体各部分活动减少,肌肉松弛,呼吸和心率减慢,脑组织消耗的能量减少,大脑皮层处于弥漫性抑制状态,对神经系统起保护作用,能量重新积累,以弥补活动所损失的体力和精力。

0—3 岁的婴幼儿一昼夜睡眠时间应为:

新生儿期 20—22 小时;

2—3 个月 17—18 小时;

4—6 个月 16—17 小时;

6—12 个月 14—16 小时;

12—24 个月 12—14 小时;

24—36 个月 10—12 小时。

对于婴儿来说,良好的睡眠环境是培养良好睡眠习惯的重要保障。婴儿的睡眠环境应保持安静,尽量减少外界干扰,以免影响婴儿入睡或引起惊醒;睡眠前保持婴儿的情绪稳定,避免婴儿过度兴奋或者哭闹、发脾气,婴儿情绪不好时,父母可以低声哼唱催眠曲或者播放舒缓的音乐,安抚婴儿情绪,以利入睡;家长应尽量培养婴儿自己入睡,不要以拍、摇、晃、抱着来回走等方式哄其入睡。

睡前成人可以帮婴儿洗洗澡,换换睡衣,完成一些睡前的准备工作,从而形成条件反射。上床后可以讲一个睡前故事,但注意不要引起婴幼儿的兴奋。

4. 卫生习惯

养成良好的卫生习惯,是需要从小建立的生活规范之一。能力养成的最大意义在于行为经过内化后形成习惯,即在不用父母提醒的情况下,孩子也知道何时该做什么事。婴儿最初的清洁行为都由家长完成,婴儿随着年龄的增长和能力的增强,逐渐开始配合清洁活动并最终主动尝试清洁行为。

从婴儿出生起家长就应养成在每次喂奶结束后喂食少量温开水的习惯,以达到口腔清洁的目的;在婴儿6个月左右长出第一颗牙齿后,餐后即为其用温开水和软布进行漱口和洗牙;在幼儿2岁半左右乳牙出齐后,开始逐步教孩子学习刷牙,并努力养成早晚刷牙的习惯。成人可以利用2—3岁幼儿喜欢模仿的特点,采用逐步过渡的方式,先让其模仿成人的动作,使其对刷牙感兴趣,然后当他们能部分掌握使用牙刷的动作时,尝试用清水刷,最后挤上牙膏,用牙刷从外到里有序地刷牙。

一般来说,婴儿自主的清洁行为是从吃完东西主动擦干净嘴巴开始的,这些行为最初主要来自对成人的模仿,模仿行为产生后,婴儿就会从简单的随意模仿发展到最后真的努力擦拭干净。成人应当以婴儿模仿的兴趣为契机,鼓励婴儿自主的清洁行为。

5. 穿衣戴帽

在12个月以前,婴儿大多数还是被动地接受家长为其穿衣戴帽,不舒服时还会以哭闹抗议。12个月以后,成人为其穿衣服时,幼儿开始知道予以配合,如主动地抬起手臂,伸腿用力等等。这种看似简单的配合实际上就是婴儿主动穿衣戴帽的基础。15个月左右,幼儿基本上可以完成自己脱帽、戴帽,但可能会出现不正确的现象。

在"穿"之前,"脱"是一个很重要的行为标志,它表示幼儿不再一直处于被动状态,而是有主动合作参与的意愿。从脱去帽子到脱去外衣,是婴儿穿衣能力发展的一个阶段,也是一种进步。只有从最初简单的脱,才能发展到稍微复杂的穿。

像拉拉锁这样需要精细动作发展作为基础的行为,需要当婴儿会用拇指和食指对捏的时候才会发生。而系纽扣和解开纽扣的完成则会在更晚出现,时间大约是在36个月左右。

相比于进餐、如厕,穿衣戴帽更具有步骤性,需要更复杂的动作协调与配合,因此需要家长特别的指导,尤其是如何分清裤子的前后,鞋子的左右,如何协调地让手和脚伸出衣袖和裤腿等等。

(三) 0—3岁儿童自我照料能力的培养策略及原则

1. 改变观念,增强幼儿自我照料意识

要培养幼儿良好的自我照料能力,家长首先必须转变教养观念,摒弃过度保护孩子,不舍得让孩子做,"孩子还小,不会做""孩子做不好,反而添麻烦"等思想,放手让孩子去尝试、体验"要自己做,能自己做"的事情。家长可以学习了解一些该阶段婴幼儿的年龄特征和生长发育规律,把握该阶段婴幼儿可以尝试自己完成的事,并认识到培养幼儿自我照料能力的重要性。家长应

认识到,任何技能都是由不好发展到好、由不协调发展到协调,幼儿在尝试自我服务的过程中出现的失败是客观的,应给予孩子改善的机会,帮助孩子克服困难。

具体来说,家长应在生活中有计划地安排幼儿参加力所能及的活动和劳动,本着自己的事自己做,不会的事学着做的原则,只要是没有危险就多让孩子去实践。同时,帮助孩子一起树立"自我服务"的意识,孩子撒娇、不愿意做的时候不要一味地妥协,在实践过程中用小步递进的方式使孩子在自我服务的过程中体验成功和自我控制的满足感,建立"越长大越能干"的自豪感。

2. 帮助幼儿发展自我照料所必需的技能

该阶段的幼儿,无论是身体的协调性、手指的灵活性,还是认知的水平都在不断地发展中,但仍旧受其年龄的局限,因此在成人看来再小的事对于他们来说都不简单。因此,孩子学会自我照料特别需要掌握一定的方法和技能。成人应当以幼儿能理解的方式,解释、示范具体的操作方法,并在实践中给予幼儿必要的提示,避免幼儿因过多的失败对自我照料产生抗拒。

同时,自我照料技能的练习和培养需要依据该年龄段幼儿的年龄特征,采用多样的形式巩固和加强技能。例如,将拉拉锁、扣纽扣等需要精细动作的技能融入游戏,在幼儿"帮助他人"的过程中锻炼其小肌肉和手眼的协调性;再如,将洗手、提裤子等具有程序性的技能编成朗朗上口的儿歌,帮助幼儿强化记忆。

3. 创设支持性环境,提供自我照料机会

一些幼儿只能在游戏等假设场景中进行自我照料技能的练习,而缺少真正的自我服务机会。在日常生活中,家长应注意不要事事抢在孩子前头,而是将尝试的机会有意识地留给孩子。家长可以在生活的各个环节中渗透对孩子自我照料能力的培养,如:中午起床后,带幼儿一边朗诵儿歌一边自己穿脱衣服;餐前便后洗手时,先示范一次,再跟幼儿一起洗手;玩具玩好后,先带领孩子一起收拾,再逐步地让孩子独立整理等等。

在生活习惯方面,家长可以和孩子一起制定家庭生活常规制度表,规定用餐、睡眠、起床和游戏等时间,对生活中的各个小环节提出具体的要求。家长不仅要时刻予以督促,还可以与幼儿协商奖惩规定,帮助幼儿坚持良好的生活习惯。同时,家庭氛围应保持和谐民主、互相尊重,使幼儿在这样的环境中保持心情愉快、情趣稳定,从而保证每日的常规活动。

4. 及时鼓励幼儿,强化良好行为

任何良好习惯的养成以及新技能的学习都不是一蹴而就的,对于0—3岁的孩子来说,由于身心发展的水平限制,这个过程可能更加漫长。幼儿可能会拿勺子但无法准确地舀起饭菜;可能想穿衣服却找不到袖子的入口;也可能想提裤子却没有那么大的力气。所以说,成长是需要时间的。因此,不要要求孩子第一次就能成功,更不要要求孩子过早地做其能力以外的事情。

孩子尝试的时候应该支持、等待,失败的时候应当安慰、帮助,进步的时候要及时称赞、鼓励。同时,应当接受孩子以自己的方式尝试新鲜的事物,不要急于以成人所谓的正确方式去教授。例如,幼儿在开始学习用勺子的时候是一把握住的,这是由于其小肌肉的发展还不允许其用三根手指捏住勺子,而如果此时纠正孩子的操作,就会引起不必要的失败感,从而使孩子产生抗拒。总之,家长要有耐心,允许孩子在一点一滴的进步中慢慢掌握自我照料所需的各种技能。

5. *持之以恒,以身作则*

对于上述的培养策略,都要求家长能够持之以恒,并且家庭成员之间能够保持一致,三天打鱼两天晒网势必前功尽弃。尤其是现在很多家庭有祖辈参与孩子的教养,两代人在教养方式上常常产生分歧,教育理念的不统一常常成为幼儿良好习惯养成路上的绊脚石。对于上述情况,家长之间要善于协商和沟通,首先在态度上达成一致,做法上出现分歧时冷静对待私下里讨论,不要在幼儿面前发生不必要的争执,以免给幼儿造成混乱。尤其不要出现"一个批评一个护"的现象,否则即便已经形成的良好习惯也可能因为成人要求的不一致而消失。

同时,家长要注意自身的榜样示范作用。马卡连柯曾一再告诫父母:"不要以为只有你们同儿童谈话或吩咐幼儿的时候才是在教育儿童。在你们生活的每一瞬间,甚至当你们不在家的时候都在教育着幼儿。你们怎样穿衣服,怎样对待朋友和仇敌,怎样谈论他人,怎样表示欢心和不快——所有这些都对儿童有很大的意义。"尤其是对于0—3岁的婴幼儿,虽然他们自己能够实践的自理及交往行为还十分有限,但父母言行和生活环境潜移默化的影响会为日后其行为准绳的形成埋下种子。因此父母在要求幼儿的同时首先要要求自己,特别是在良好生活习惯的养成方面,父母要成为幼儿习惯养成的典范。例如:按时起居饮食,保持自身的卫生以及家庭环境的整洁等等。

三、0—3岁儿童环境照料能力的培养

(一) 什么是环境照料

环境是指人类生活的所有空间,包括物质性环境和人文性环境。物质性环境主要指家庭环境、社区环境和其他公共环境;人文性环境是指上述物质性环境中的人际关系氛围。环境除了提供物质性资源以外,还影响着个体对环境与自我的认识。已有的研究发现,环境对个体的影响主要包括内隐的态度倾向和外显的行为特征,这对于婴幼儿也不例外,因为婴幼儿的行为、能力和兴趣是由他们所处的环境所决定的。

环境照料是指个体对待周遭环境较为稳定的应对方式,对0—3岁的婴幼儿而言,环境照料的对象和范围主要是其家庭环境,以及与其周遭的人际关系氛围。

(二) 0—3岁儿童环境照料能力的发展特征

0—3岁是儿童迅速从完全依赖他人的自然人过渡到具有一定自我和环境照料能力的社会人的重要时期,到这个阶段的中后期,婴儿的身心发展程度已经为其发展环境照料能力奠定了一定的基础,使其无论在认知能力还是动作成熟度上,都可以承担一定的环境照料工作。

1. 认知发展

2—3岁的幼儿对认知各方面能力的支配性有所提高,持久性和复杂性也都有所增加。

该时期幼儿会有目的地、自主地保持注意力一段时间;注意的事物增多,范围也开始变广,涉及幼儿自主意识的相关能力也同时提升。随着自主意识的增强,可以培养儿童自我服务的意识,逐渐形成自主、自信、自尊的良好自我意识。

3岁左右的幼儿记忆力不仅可以保持到几周后,还能进行重现,并可以开始尝试使用各种记忆策略;同时,进行分类、概括等思维能力也有了一定的提高。可以借此时机,帮助幼儿建立科学、合理的生活制度,使儿童能够遵循生活作息的规律;也可以练习将自己的物品分类固定摆放,建立一定的秩序感。

2. 动作发展

2岁以后,幼儿在动作的力量、速度、稳定性、灵活性和协调性等方面,都有了很大的进步。

此阶段幼儿粗大动作的发展主要表现为稳当地快速奔跑、熟练地上下楼梯、灵活地进行跳跃等等。因此,幼儿可以独立地控制自己的大肌肉,进行基本形式的运动,自主地与周围环境产生互动。

粗大动作发展的同时,此阶段幼儿精细动作技巧也进一步提高。手指活动更加灵巧,可以有目的地使用剪刀等。因此一些关于幼儿自我卫生方面的活动,可以逐渐尝试由幼儿自己完成,比如清洗手帕、塑料水杯等等。

3. 言语发展

2—3岁的幼儿在言语发展上也非常迅速,具体表现在:能够理解一些介词、代词、形容词,并开始能理解一些表达时间的词语,这些为收纳物品以及生活时间表的运用提供了可能;同时,幼儿的词汇量也激增,数词、量词的出现频率增多,并能够说出完整的句子。成人可以为幼儿提供环境照料的机会,并鼓励幼儿边做边说,用实际的动作来感知语言的意义,提高语言能力。

4. 社会性发展

2岁的幼儿处于自我中心水平迅速增强的时期,第一反抗期的到来使其更有意愿和主张,喜欢反抗成人的指示和决定。社会交往经验的增加也让此阶段的幼儿更会使用分享、合作等行为解决问题,逐渐开始学会与同伴进行交流、沟通。

此时的幼儿能够完成大多数日常生活技能,基本上能够完成日常起居的任务,开始在家庭中表现自己的独立能力。成人在对其自理活动进行指导时,要因势利导,不可将成人的意愿强加在幼儿身上。

自我意识在这个时期得到了较快速的发展,他们对物品的所有意识增强,出现了一定的自我评价,自我控制的能力也有所提高,在此阶段的指导中,成人可以通过积极的正面激励和示范来培养幼儿照料环境的习惯。

（三）0—3岁儿童环境照料能力的培养策略

0—3岁儿童环境照料的能力虽然还十分有限,但在日常生活中,仍可以从以下几个方面进行培养:

1. 保持整洁有序的家庭环境

家庭环境是0—3岁婴幼儿接触时间最长的生活环境,因此无时无刻不对婴幼儿产生着潜移默化的影响。家长平日里就应当为幼儿创设整洁有序的生活环境,比如物品摆放整齐,用后及时归位,经常打扫房间等等。良好的环境照料氛围将为幼儿环境照料能力的培养打下良好的基础。

2. 示范良好的行为习惯

随着婴儿年龄的增长,其接触的环境由家庭慢慢延伸到社区、早教中心等公共场所。此时的家长应当注意示范正确的行为规范,并可以用语言等给予强调,比如扔垃圾时边扔边告诉幼儿"垃圾扔到垃圾桶"等等,让幼儿知道不仅仅要照料自己家里的环境,同时也要保护公共场所的环境。

3. 给予儿童环境照料的机会

1岁半左右,幼儿开始有了"自己能"、"自己做"等要求独立的倾向,此时家长就应当逐渐放手要幼儿试着自己打理自己的环境,比如提示幼儿玩具玩好、图书读好后放回原位,孩子不明白应当如何做时应耐心示范;再如要孩子帮忙准备餐具,对于一些较轻、不易碎的筷子、勺子等餐具让幼儿帮忙摆放,这不仅锻炼幼儿环境照料的技能,同时让幼儿从餐点的客人变成了餐点的参与者,使其体会到自我服务甚至为家庭成员服务的乐趣。随着年龄的增长,还可以让孩子参与一些家庭中的常规"工作",比如对一盆植物的照料,培养幼儿对家庭环境尤其是其他生命的关心和责任感。这些事孩子可能很难一开始就做得很好,或者很难短时间内就形成习惯并主动去做,但家长长期地诱导、坚持、督促会让孩子的动作技能越来越熟练,同时也让孩子照料环境的概念和意识更加深刻。

专栏   **国外适应性课程简介**

适应性课程以儿童整体和谐发展为出发点,关注课程对于儿童多样性发展的适应性,强调课程目标适合儿童身心发展的客观规律;以儿童社会生活为基石,注重课程内容同儿童现实生活相联系;以儿童个性化发展为旨归,重视儿童多元发展需要。因此,该课程是一种整合性实践课程。一方面,强调儿童发展的整体性,注重儿童身体、情感、认知、行为的和谐发展,强调综合利用各种教育资源共同为儿童的发展创造良好的条件;另一方面,强调儿童的实践活动,注重儿童的主动参与和亲身体验,关注儿童与教师、环境、内容的互动,强调创设适宜的活动环境,让儿童在实践活动中学会感知、学会探究、学会发现,并形成正确的态度和积极的情感。

一、国外幼儿适应性课程掠影

1. 教育哲学观基础

适应性课程是基于建构理论的哲学理念,强调幼儿与环境互动探索,主张幼儿与生活周遭人、事、物的互动建构知识;提出幼儿内在的自我互动;主要强调提升幼儿自我的重要性,让幼儿觉得自己在所有方面是一个能干有自制力的人,一个具有社交能力、情绪稳定、身体成熟和智力佳的幼儿,会觉得自己是有安全感、有能力的,且已准备好应付环境的变化,体验生活并接受新经验的挑战。

2. 适应性课程目的

幼儿适应性课程的目的在于提升幼儿的能力,而能力不单指智能方面,也必须与自身相关。能力是指学习和他人和平相处、学习掌握与健康地表达自己的情感、学习喜爱人生及接受新经验的挑战。简言之,教育目标是促进个人能处理生活中的一切事物。所以对于正在成长的幼儿来说,对其进行全方位的能力教育是极其重要、惠其一生的。因此,幼儿适应性课程不仅是一种提供了个体幼儿自我提升机会的课程,而且更是一种通过整合学习促进幼儿整体能力发展的课程。

3. 教师的教学素养

在幼儿适应性课程中,对于教师的教学素养也有一定的要求:(1)需要教师能够了解父母在幼儿发展过程中的重要影响;(2)教师能够理解每个年龄段幼儿的一般能力与兴趣,同时欣赏个别幼儿的独特性;(3)教师需要了解幼儿学习规律和发展顺序,通过循序渐进的原则,以及采用游戏的方式,帮助幼儿获得实际经验,并提升学习效果;(4)教师能够采用符合幼儿适应性发展的有效教导方式。

二、国外适应性课程的实践——蒙台梭利课程的日常生活练习

蒙台梭利课程可称得上是国外适应性课程的卓越实践者,这与蒙台梭利的教育理念有极大关联。蒙台梭利认为,孩子的生命活动是孩子成长的主要途径,教育是以孩子的生命活动为中心,教育是协助孩子生命的活动,而不是主宰孩子生命的活动;根据孩子的活动观察孩子的生命现象,再用适当的方法启发孩子的生活、激励孩子的生活,让孩子在自己的活动中学会生存之道、学会做事的方法、学会在生活中发展自己独立行事的精神教育;儿童通过"做"工作,来认识事物的性质、概念,找到解决问题的方法,体会自己学习、自我教育的乐趣。

蒙台梭利认为"依靠感觉器官与运动器官所进行的运动是发展大脑及神经的重要因素",并一再强调应"将运动的理论贯穿于日常生活中,提倡分析日常生活中各种运动的动作,将运动更精确、有秩序、简练地表现出来,有了这些实际的运动,儿童的精神才能得到发展,日常生活中未能充分运动而成长的人,可以说是被剥夺了一种感觉的人,

他们的生活将陷于忧虑不安";强调让孩子在日常生活中接受教育,并能够将日常生活教育作为一项重要的教育内容;主张给儿童一个真实、自然的社会生活环境,使儿童在这种生活中成长、发展。

日常生活练习分为4部分:

1. 基本动作技能

● 搬椅子;

● 搬桌子;

● 在教室里走动;

● 坐;

● 铺卷地毯;

● 铺卷桌垫;

● 开关门;

● 端托盘:从空托盘开始;

● 拿水壶/剪刀/小刀;

● 全手抓;

● 钳子夹;

● 挤海绵;

● 走线;

● 静默游戏。

2. 优雅仪态和礼貌

● 图书馆服务—翻开一本书;

● 早晨的问候;

● 握手;

● 请和谢谢;

● 请求原谅;

● 餐桌礼仪;

● 对话。

3. 照料环境

● 扫地;

● 除尘;

● 折叠抹布、毛巾、衣服;

● 拖地;

- 擦桌子、椅子、橱柜、盘子等；

- 倾倒意面、米、水；

- 用调羹舀意面、扁豆和米；

- 擦亮玻璃、铜、银制品；

- 摆放托盘和桌子；

- 洗菜；

- 插花。

4. 自我照料

- 洗手；

- 擦亮鞋子；

- 擤鼻涕；

- 挂衣服；

- 梳头；

- 叠衣服；

- 穿戴整洁—如何穿戴；

- 系领带。

可见，在蒙台梭利课程中，幼儿的发展是以活动作为载体的，他们是积极主动与环境互动的。这种课程体现出了强烈的适应性课程的精髓，是适应性课程的现实实践。适应性课程是以多元智能理论、建构主义学习理论、活动课程理论为基础，注重整合的课程取向，强调儿童的主动实践，突出课程的适应性和发展性的课程体系。蒙台梭利课程通过自主性的探索来深化对环境的认识，并且教育内容应更多贯穿于儿童的日常生活中。课程倡导让幼儿在真实的环境中探索学习，鼓励幼儿去做力所能及的事情。在提升幼儿自理能力的同时，还能够培养儿童的自主性，形成恰当的自我意识，体会自我教育、自我学习的乐趣。

第三节　0—3 岁儿童社会适应能力的培养

一、什么是社会适应

社会适应（social adaptation）是个人和群体调整自己的行为使其适应所处社会环境的过程。

是个体为排除障碍、克服困难,满足自己的需求、与环境保持和谐而改变自己的一切内在观念(如态度)和外在行为的历程。社会适应也是个体在与社会环境的相互作用中所表现出的一种相对平衡的心理状态,是一个动态的发展过程。

幼儿的社会适应能力是其各个年龄阶段相应的心理发展(感知觉、注意、记忆、学习、想象、思维、言语、情感、意志、自我意识等)的综合表现。它与个人适应同为幼儿适应的组成部分。相比于个体维持各种资源的均衡状态,自我控制、自我调适的个人适应,社会适应更强调于个体对外在环境变化的应对与适应。对于0—3岁的婴幼儿而言,社会适应的内容主要包括适应新环境,建立良好的亲子依恋关系和初步的归属感,具有一定的规则意识和责任感,以及具备初步的交往能力等等。

二、0—3岁儿童社会适应能力发展的基础及其特征

(一) 依恋

依恋是指某一个体对另一特定个体长久持续的情感联结。在发展心理学中,依恋指婴儿寻求并企图保持与养育者的身体接触和情感联系的一种倾向性(桑标,2003)。依恋是婴儿在与成人的相互作用下形成的,作为婴儿接触最早、最频繁的抚养人,母亲是婴儿依恋的最初对象。母婴依恋是婴儿早期最重要的社会联系,是婴儿情绪社会化过程的重要桥梁,对婴儿的认知发展和情绪、个性、社会性的形成有着至关重要的作用。

父母是幼儿最早的社会交往对象,依恋是幼儿最早形成的人际关系,因而早期的依恋对婴幼儿的人际关系有预测效应。形成安全依恋的婴幼儿对父母有信赖感,在今后的同伴交往中也更容易产生对他人的信赖和安全感,从而形成良好的同伴关系。安全依恋中的父母可以树立起自己的威信,因而更容易成为子女与他人交往的榜样,以自己积累的成功交往经验和技巧指导子女的社会交往。总之,依恋对个体在成长过程中的人际关系有长期而深远的影响。

同时,依恋关系直接影响幼儿的心理健康。安全依恋是心理健康的基础,安全感的建立有利于婴幼儿形成坚强、自信等良好的个性品质,安全感的保证促进了婴幼儿好奇、探索、问题解决、面对困难等行为的发生,减少了情绪和行为问题的产生。调查结果表明,安全依恋的孩子在幼儿园或学校的表现更独立自主并富有弹性,更加自信及具有社会能力;而形成非安全型依恋的孩子很可能在应对压力方面有困难,有更多的行为问题,并更有可能在今后的生活中表现出焦虑和机能上的紊乱。

(二) 情绪社会化

情绪是人对客观事物的态度体验及相应的行为反应,它是以个体的愿望和需要为中介的一种心理活动(彭聃龄,2004)。情绪的社会化就是指在原始情绪产生的基础上,在人际交往和社会

行为反馈中,那些蕴含社会意义的情绪的产生过程(刘云艳,1995)。发展心理学家鲍尔比认为:儿童情绪社会化是儿童社会化最初和最首要的方面(Bowlby, 1969)。

1. 情绪社会化的发展

婴幼儿最初的情绪是与生理需要相联系的,而随着年龄的增长,情绪逐渐与社会性需要相联系,也就是开始产生了情绪的社会化。

幼儿情绪社会化最重要的表现之一是引起情绪反应的社会性动因不断增加。引起儿童情绪反应的原因,称为情绪动因。在出生后相当长一段时间里,婴儿的情绪反应主要是与其生理需要是否得到满足相联系的,例如吃饱喝足、环境舒适等,都可以引起愉悦的情绪,而不满情绪的表达也因为生理需要没有得到满足而产生。1岁以后,幼儿情绪反应的动因开始越来越多地存在社会性需要,虽然在3岁以前,生理需要是否得到满足仍在幼儿情绪反应动因中占主要位置,但社会性动因的比例在不断上升。

幼儿情绪社会化的另一个表现是表情的社会化。幼儿表情的社会化包含表情理解和表情运用两个方面。幼儿对表情的理解集中体现在幼儿对照料者表情的呼应上。研究表明,4—7个月的婴儿就能识别成人高兴、悲伤、生气和恐惧等面部表情,但此时的辨认还不具备将表情与实际情绪联系起来的功能。1岁左右,婴儿开始可以笼统地辨认成人的表情,这是一种非常重要的进步,这种能力将推动他们社会关系的发展,并帮助他们调节自己对环境的探索。2岁左右的幼儿可以正确辨别面部表情,并能谈论与情绪有关的话题。与此同时,婴儿对表情的运用能力也随年龄有所发展。这时的幼儿已经能够用表情手段去影响他人,并学会在不同场合用不同的方式表达同一种情绪,以及采用一定的方式控制自己的情绪。

0—3岁婴幼儿情绪理解与表达的具体发展情况如下:

表5-1 0—3岁婴幼儿情绪理解与表达的发展

年　龄	情　绪　理　解	情绪表达及调节
0—6个月	可以对快乐、愤怒、伤心等面部表情加以区分	所有基本情绪出现 积极情绪的表达受到鼓励并更为经常地出现 通过吮吸和回避等方式调节消极情绪
7—12个月	能更好地辨认他人的基本情绪 社会参照出现	愤怒、恐惧和悲伤等消极的基本情绪更经常地出现 通过滚动、撕咬或远离令人不安的刺激物等方式对情绪进行自我调节
12—36个月	开始谈论情绪和掩饰情绪 同情反应开始出现	出现次级(自我意识的)情绪 通过转移注意力或控制刺激物的方式调节情绪

(资料来源　《婴儿心理与教育(0—3岁)》文颐著,北京师范大学出版社,2011年,P156)

2. 情绪社会化对社会适应的意义

情绪社会化的顺利实现对幼儿的成长有着重要的意义。

首先,情绪的社会化直接影响幼儿的社会适应性。幼儿出生时不具备任何独立生存的能力,情绪是他们唯一的通讯工具,通过情绪表达,他们与成人沟通,得到成人的照顾,才能得以生存。随着年龄的增长,幼儿的活动范围变大,社交范围由家庭中的照料者转向更广的人群,能否学会使用大家都能接受的情绪表达和调节方式,是他们能否顺利建立良好的同伴关系,融入社会生活的关键。

其次,情绪社会化的顺利实现有利于幼儿及其成年后的心理健康。能够恰当地表达和控制自己的情绪并体验他人的情绪,可以使幼儿与他人和谐共处,而良好的亲子及同伴关系可以使幼儿形成安全感和信任感,并经常处于积极、愉悦的情绪状态。

(三)同伴交往

1. 同伴交往的发展

同伴交往的产生往往是伴随着与母亲的逐渐分离而产生的。大量研究表明,幼儿初期的同伴交往大致经历以下三个阶段:

客体中心阶段——在这个阶段,婴儿的相互作用主要集中在客体上,比如玩具,而不是婴儿本身。一些研究表明,婴儿很早就对同伴产生兴趣,大约在2个月时,同伴的出现会引起婴儿的注意,并相互注视;3—4个月时,婴儿能够相互触摸和观望;6个月时,婴儿能向同伴微笑和发出"呀呀"的声音。但是这些都并非真正的社会性反应,即使是10个月大的婴儿在一起,他们也只把对方的身体当作物体或活动的玩具来看待。1岁左右,婴儿开始出现一些简单的社交行为,如大笑、打手势和模仿。在最初的一年中,绝大多数的社交行为都是单方面发起的,并且此时的婴儿并不能主动地寻求对方的社会反应,同时也很少回应同伴的社交行为。

简单相互作用阶段——12—18个月的婴儿开始出现某些带有应答性特征的交往行为。此时的幼儿开始能对同伴的行为作出反应,如相互拍打或拿玩具给对方,并试图控制对方的行为。

互补的相互作用阶段——12—18个月后,幼儿间的社会交往变得更加复杂,并出现了普遍的模仿行为以及互补或互惠的角色游戏。在发生积极相互作用的同时,消极的行为也随之出现,比如打架、争吵、争抢玩具等等。

2. 同伴交往对社会适应的意义

首先,与孩子跟父母的交往相比,同伴交往更能体现出平等的特点。在亲子关系中,婴儿多处于被动而被关注的地位,婴儿不需要主动发起或维持与父母的交往。而同伴关系中婴儿则与他人处在平等的地位上,因此需要婴儿关注对方的反应和态度,并提高自己交往的主动性。婴儿一方面需要观察对方的反应,并调整自己的社交行为,另一方面也从对方的行为中学习新的社交手段。因此,同伴交往对婴儿的社交技能提出了更高的要求,同时也更加锻炼婴儿的社会适应能力,并在某种程度上成为亲子关系的补充。

其次,良好的同伴交往与良好的亲子关系一样给予婴幼儿安全感和信任感。被接纳的归属感使婴幼儿心情愉快。在同伴游戏中,婴幼儿可以宣泄自己的情绪,并可能得到同伴的关注、同情和安慰,从而平衡自我的心理状态。

最后,同伴交往为婴幼儿提供了自我评价的有效对照标准。同伴交往中婴幼儿进行了最初的社会性比较,使得婴幼儿更好地认识和了解自己,为婴幼儿形成积极的自我概念打下了最初的基础。同伴交往同时为幼儿行为的自我调控提供了丰富的信息和参照标准。幼儿在与同伴的交往中,通过同伴对自己行为的反馈,了解自己行为的后果,并学习什么样的行为更能被他人接受,从而调整自己的行为。因此,同伴交往尤其是其中的同伴反馈,对幼儿自我调控系统的发展具有重要意义。

(四) 规则意识

规则是人们在社会生活中形成或制定的大家都应该遵守的行为规范和准则。规则意识是一种发自内心的、以规则为自己行动准绳的意识,是人们关于规则和规则现象的思想、观点、心理和知识的总称,主要包括人们对规则的认知、理解、态度和人们关于规则的起源、特征、作用和意义的观点、看法和知识。规则意识不是人生来就有的,而是在后天的生活实践中经过教育、训练,包括因遵守规则而受到表扬,违背规则而受到惩罚的体验等过程逐渐形成的,是一个从体验、认同、理性到遵从、参与和监管的过程。

幼儿期是人的社会性发展的重要时期,通过观察、模仿、评价,幼儿获得规则意识,并逐渐内化为一种个性品质,自然地以行为方式表达和表现出来。《幼儿园教育指导纲要》明确指出:要在共同的生活和活动中,帮助幼儿理解行为规则的必要性,学习遵守规则;对幼儿进行规则意识的培养,帮助他们形成规则意识,也是培养健全人格、适应社会需要的人才的必要环节。当幼儿能够通过规则,知道自己能做什么、不能做什么,就能够生活在不超越底线的自由状态中,生活在和谐与秩序中。因此,帮助幼儿建立规则意识,是为其一生的道德发展奠定基础,并将影响幼儿一生的发展。

0—3岁儿童明确的规则意识还十分有限,而其规则意识主要是通过其自控能力的发展体现的。一般来说,7—9个月的婴儿自控能力开始发展,他们能够理解父母的简单指令,因而此时的父母开始可以给婴儿规范一些"禁区",比如对于有危险的动作和区域,成人可以用语言、表情和动作等方式表示"不",使婴儿懂得哪些行为被禁止,父母的及时告知和反复指导会让婴儿能够明白并控制自己不去做。19—24个月的幼儿开始有了一定的自我控制能力,此时的成人可以运用转移注意力等一些策略,训练其延迟满足。25—30个月,也就是2岁左右开始,幼儿开始进入第一反抗期,此时的幼儿自我意识增强,有强烈的自我主张,占有欲强,常常通过反抗成人的要求以显示其独立性,并经常说"不"。这一时期的幼儿在与同伴的交往中发生冲突的次数也不断增加,但幼儿往往在这些冲突中学习并确定初步的社会规则,并开始学会使用一些社会规则来解决冲突,与此同时,亲社会行为也相应地增多。当然,这个年龄段的幼儿自我控制水平也进一步发展,能对成人的要求有所反应,并知道需要遵守规则。31—36 个月,幼儿的一些社会品质开始内化,出现动作抑制,逐渐由对成人的要求做出反应发展到可以利用外部语言进行自动调节。

三、0—3 岁儿童社会适应性能力的培养策略及建议

(一) 建立良好的亲子关系

亲子关系是婴儿与社会建立的最初人际关系,对幼儿的安全感、信任感以及日后的人际关系都有深远影响。

要建立良好的亲子关系,首先要尽可能采用母乳喂养,母乳中除了包含代乳品无法供给的养分和抗体外,哺乳过程可以使婴儿感到就像在妈妈的子宫里一样,有助于母子的感情交流。同时,哺乳过程中母亲与婴儿的眼神对视,可以让婴儿感受到来自母亲的关爱。因此母乳喂养有助于早期亲子关系的建立。

其次,要重视母亲与婴儿亲密的身体接触,尤其是"母子敏感期"中的母子接触。研究表明,"母子敏感期"中母婴的充分接触,可以使产妇尽快进入"母亲"角色,并及时建立起良好的亲子关系。在婴儿期,抚养者应当为婴儿提供积极稳定的情感支持,提供积极应答的环境,关注婴儿的情绪和需求,并经常给予微笑、爱抚、拥抱等积极回应。对孩子说话、做游戏、唱歌、抚触等都是抚养过程中积极有效的情感沟通与交流方式。

最后,家长应采取恰当的教养方式,创设良好的家庭氛围。教养方式是父母对待孩子的比较稳定的教养观念(如儿童观、教育观等)和已经习惯的教育行为(杨斐,2003)。父母的教养态度与方式直接影响着亲子关系的建立,鲍姆雷特通过对创设情境的观察,将父母的教养方式归纳为权威型、专制型、放纵型、忽视型四种类型(鲍姆雷特,1976)。

其中权威型父母对儿童的态度积极肯定,热情地对儿童的要求及行为进行反应,尊重儿童的意见和观点,对儿童提出明确的要求并坚定执行规则,对儿童良好的行为表示支持,对独立和探索行为表示鼓励,对不良行为表示不满;专制型父母倾向于拒绝和漠视儿童,很少考虑儿童的情感和要求,对儿童违反规则的行为表示愤怒,甚至采用严厉的惩罚;放纵型父母对儿童有积极的情感,但缺乏对儿童的控制,对儿童没有要求,对儿童违反规则的行为采取忽视或接受的态度;忽视型父母对孩子没有积极的情感反应,也缺少行为的控制,缺乏对儿童的基本关注,容易流露出厌烦等态度。

相应的,不同的教养方式下的儿童会有不同的行为倾向:权威型教养下的儿童独立性强,善于自我控制和解决问题,自尊心和自信心都较强,喜欢与人交往,对人友好,有较强的认知能力和社会能力;专制型教养下的儿童胆小、怯懦、抑郁,缺乏主动性,容易情绪化,有自卑感,不善与人

交往;放纵型教养下的儿童容易冲动,不顺从,难以管教,缺乏自制力和责任感;忽视型教养下的儿童对别人缺乏关心,有较强的攻击性,在青少年期更容易出现行为问题。

在四种教养方式中,权威型父母能够运用一种合理的方式进行控制,尊重并理解孩子,比较准确地判断孩子的需求,因此能与孩子建立比较融洽的亲子关系,同时也更容易创造和谐、温暖的家庭氛围。

(二) 日常小事树立规则意识

0—7 个月的幼儿在遵守规则方面尚没有明确的意识,因此这一阶段婴儿规则意识的培养主要倚赖于生活环境的创设和父母良好的行为习惯。比如,合理而固定的生活制度——让婴儿习惯起床、吃饭、游戏、睡眠等活动按照一定的规律进行;再如,整洁有序的家庭环境——日常用品摆放整齐,物品使用后物归原位等,这些都可以对婴儿的规则意识和秩序感产生潜移默化的影响。

对于 7 个月以后,自我控制和规则意识都开始有所发展的婴幼儿,成人就可以使用一些策略,让孩子在日常活动中了解一些最基本的生活规则,比如哪些地方、哪些东西是危险的,不能碰;要在特定的时间和场所进餐等等。

18 个月左右,婴儿的自我控制能力和规则意识都有了进一步的发展,此时家长就可以开始进行一些社会规则的培养,比如利用注意力转移的方法,培养幼儿的延迟满足。24 个月左右,随着幼儿第一反抗期的到来和社会交往对象的增多,家长可以在幼儿与他人的交往过程中对一些交往规则进行指导,并可以与幼儿协商家庭规则,加强幼儿对规则的理解和参与。

(三) 鼓励同伴接触,提供交往机会

如今家庭中多为一个子女,孩子从小缺乏自然的玩伴和交往对象,因此,家长应当有意地创设孩子与同伴接触、交往的机会。无论是在早教中心、托儿所还是公园等场所,都应当鼓励幼儿与同伴交流,甚至参与到与同伴的合作中去。在与同伴的交往中,幼儿可以比较自己和他人的观点,认识到自己和他人的区别,并通过同伴的反应调整自己的行为,在交往中学会尊重他人,掌握具体的交流技巧,同时,也体验与同伴相处的愉快情绪。

(四) 对幼儿的交往方式给予具体指导

良好交往行为的产生不仅要求交往双方具有强烈的交往意愿和需要,还要求双方能够运用适当的交往方式和手段。适当的交往方式是指孩子在与人交往时,既能满足自己的需要,又不影响他人,并且这种方式要为他人所接受。比如,在与同伴打招呼时是握握手还是抱一抱,分享一件玩具时是交换还是轮流等等。

要指导婴幼儿的交往行为,首先要求家长对婴幼儿的交往特点有一定的了解,不要武断地用

成人的视角去解读孩子的行为。比如,两个一岁半左右的孩子见面了,其中一个用手用力拍向另一个的脸,拍人家孩子的家长可能急忙阻止,而被拍孩子的家长则立即上前保护,并认为这么小的孩子怎么就打人呢? 事实上,这并不是"打人",而是婴儿间的"交往",只不过婴儿并不知道采用怎样适当的方式去和同伴交往而已。如果此时双方家长都将此行为定义为打人,那么婴儿日后可能就真的在这种充满暗示性的环境中学会了打人。而如果此时家长能示范正确的方式,比如拉着孩子的小手轻轻地摸摸对方的手臂,或者招招手,说说"你好",并微笑,婴儿就会渐渐地学会适宜的交往方式。

同时,成人良好的交往行为可以成为婴幼儿学习交往技能的榜样,因为婴儿无时无刻不在模仿着成人的行为。因此成人应当时刻注意自己的言行,比如成人如何对他人表示友好或者对他人的行为表达不满,父母之间以何种方式解决矛盾等等。

(五) 合理引导,及时强化良好的交往行为

幼儿在与同伴交往的初期可能表现出既有交往意愿又担心被拒绝或者不知如何是好的矛盾情绪,这时就需要家长耐心地引导,并鼓励幼儿的交往行为,同时可以给予一些技术上的支持,比如示范或语言的指导,而不要急于"逼迫"幼儿做出交往行为。要给予幼儿时间和机会,愿意等待幼儿迈出交往的第一步。

在幼儿表现出良好的交往行为或合作等亲社会行为时,家长应适时适当地给予强化。比如运用拥抱、亲吻、抚摸、语言等奖励方式,对孩子的行为进行关注和表扬,这既肯定了幼儿的行为,告知其行为的被接受性,同时也给予了幼儿积极的情绪感受。当孩子出现错误或不恰当的交往方式时,家长不要急于批评,而是应当指出不恰当的行为,并以适当的方式告知孩子这样的行为是不受欢迎的,同时应当分析原因,如果是因为认知水平的限制,那么家长可以提供可行的交往方式,如果是幼儿故意为之,那么家长应当了解动机,在适当的情形下可以给予合理的惩罚。

专栏 **如何在第一反抗期,培养儿童的适应性行为**

心理学经验表明,在 3 岁左右表现出反抗精神的孩子,更容易成为心理健康、独立坚强的人,而丝毫没有反抗表现的孩子,则往往在性格上趋于软弱和寡断。这是儿童心理发展上一个较大的转折阶段,他们身上既留着婴儿期的某些特点,又开始出现新的心理特点的萌芽,新旧交替本身就是矛盾,如果父母不按身心发展规律实施正确的教育,会导致孩子出现真正的执拗、任性等不良性格。因此,合适的教育方法对此时期的孩子很重要。面对孩子的反抗和任性,父母可千万别慌了手脚,既然这是孩子经历的正常阶段,那父母把握好一些原则,自然能顺利引导孩子。

（一）理解孩子的想法是进行指令的前提

遭到孩子的反抗,如果父母立即怒冲冲地训斥他"老实点",那么自己就极易形成想要惩治孩子的心态,而孩子的反感与反抗也会随之增强,日甚一日。父母和孩子决不能处于这样一种对立的关系,因为这种对立有可能会留下后遗症。因此,应该采取的方法是,父母先要对孩子说出此时孩子心里想说的话:"我知道了,你想等一等再吃饭,现在还要再玩一会儿,对不对?"孩子得到理解,心里就满足了。然后,再要求他结束游戏:"那么,等这个钟响了,你就把玩具收拾掉吧。"到了这时候,钟"说的话"比父母说的话就更管用了。

（二）减少说"不可以"的次数

父母要减少说"不可以"的次数。孩子在这段期间常说"不要",爸爸妈妈可以先反省,这个"不"字是不是也是自己使用最多的字,甚至是自己先说出口的。对孩子来说,如果爸妈说"不可以"时要服从,为了证明自己的存在,为了要得到控制权,孩子也以"不要"来争取自己的一席之地,这是一种很自然的模仿行为。如果你不喜欢孩子一天到晚把"不"字挂在嘴边,自己就要尽量少说。

（三）为孩子示范正确的行为

对孩子说"不可以"的同时,请告诉孩子哪些行为是可以接受的。减少说"不",并不是不可以说。孩子正处于成长学习的阶段,告诉他们哪些行为是不被允许的很重要,但更重要的是要让他们了解哪些行为是可以接受的。孩子拿东西敲鱼缸,与其说:"小宝,不可以敲鱼缸,再敲就打屁股。"不如说:"小宝,鱼缸可以轻轻地摸,像这样。妈妈知道,你会轻轻地摸。"带孩子做几次,夸他一下,进一步提供孩子可以敲打的东西,如塑料桶或饼干盒。孩子可能会再犯,此时可以对孩子说:"妈妈提醒一下,要轻轻地摸。来,试试看。"提供他们可以接受的情境,远比对他们一直说"不可以"效果大得多,影响也会更正向。

（四）不要事事都提前警告

很多父母以为,不准做的事情要先给孩子警告。但是这个阶段的孩子缺乏自我控制力,又充满强烈的好奇心,警告等于是变相的提醒。例如你摆了一盆花在客厅,本来孩子没注意,可是你担心他去挖里面的土,所以告诉他:"不要摸泥土,土很脏,里面有细菌,摸了会生病。"我保证很多孩子都会去挖,因为他要去试试你说的脏是怎么回事;还有细菌,他也看不到,你说会生病,他要去试试你说的事情会不会发生。

（五）不要开空头支票

给孩子抉择的时候,提出来的条件,一定是你做得到的,不能开空头支票,孩子才会清楚地知道妈妈讲话算话,慢慢地,亲子之间才会有相互的信任和默契。如告诉孩子乖乖吃完这碗饭周末就带他去公园,实际上你周末早有工作安排无法实现,这只是骗孩子吃饭的小把戏,这样的空头支票开多了,孩子会更加不听话,因为他想:"反正妈妈说了也做不到。"

（六）给孩子抉择的机会

孩子喜欢做自己的主人,提供选择正好满足了孩子的需要;而且,事情是自己选的,通常会心甘情愿去做。孩子乱摔玩具,你可以对孩子说:"这样会把玩具摔坏的,你有两个选择:一个是不摔好好玩;一个是继续摔,但这样妈妈就会把玩具收起来,不让你玩。"孩子如果继续摔玩具,就把玩具收起来,孩子当然可能会哭,那就让他哭,然后告诉他:"妈妈给了你选择的机会,你选择乱摔,那妈妈只好收起来了,不然以后你就没有玩的了。"如此几次之后,孩子碰到有选择的时候,就会好好考虑,衡量轻重。

（七）尊重孩子的想法

这一时期只要孩子的行为不具伤害性,就不要过分干涉和束缚孩子的行为。当孩子说"不"的时候,他不是针对你,也不是针对这件事,他只是想表达他有权利否定一些事情。因此,爸爸妈妈们应该在要求孩子做事情的时候,学会尊重他们的想法,让孩子们能够畅通无阻地表达自己的想法,让他们认为自己是一个独立的、可以有想法的人。如果总是强迫孩子按成人的意志去做,或采取打骂、恐吓手段对待儿童,那这些儿童就会丧失自信,并产生自我否定的观念,影响其身心的发育。

（八）不能娇惯、放纵孩子

孩子喜欢说"不",本来是一种正常的现象,但如果父母对孩子百依百顺,会让孩子形成任性、骄横的性格。对不配合的孩子,首先要心平气和地告诉他不能满足他的原因,减少孩子任性行为的发生;其次可设法转移孩子的注意力,从而让孩子放弃自己的不正当要求;在劝说无效的时候,明确表明父母的态度:不合理的要求,再闹也不会满足。

（九）对宝宝提出的要求要合情合理

对于宝宝必须做而且完全能够做到的事,父母应该严格要求孩子执行;而对于那些不必要的且宝宝不愿意去做的事就不要强行要求他们。在宝宝玩得开心的时候,父母千万别打扰他们的兴致;要是宝宝确实做得不对,父母在制止他们的反抗行为时,在不危及生命、健康和道德的情况下,也要适当地放孩子们一马。这么做也许会给大人带来一些麻烦,但相对于宝宝人格健康发展的回报来说这点让步是非常值得的。

当孩子提出不合理、过分的要求时,家长应注意采取正面教育的方式,给孩子把道理讲清楚:这样做不对,为什么不对,怎样做才是对的,帮助他提高分辨是非的能力。孩子的是非观念正是在学习处理各种具体事情的过程中逐渐形成的。在这一过程中,家长可以采用约法三章,转移注意,冷处理等技巧。

1. 做事情提前告知。如吃饭时间到了,告诉看电视的孩子:"你还能再看十分钟哦,十分钟后要吃饭。"

2. 约法三章。做事情前事先和孩子商定好合理的规矩,如去商场的时候为了避免孩子乱买东西,可以对孩子说:"如果待会你能听妈妈的话,只买一件妈妈觉得可以买的玩具,我们就一起去商场。"

3. 正话反说。对待反抗期的孩子,反其道而行之是个不错的方法,如想让孩子多喝点水,可以说:"妈妈好想喝掉这杯水,我猜你一定不想喝,那妈妈就要拿走喝掉了。"

4. 角色扮演。面对屡屡反抗你的孩子,你不妨也偶尔装成一个做事拖拉又不听话的"孩子",而让孩子扮演妈妈,增进彼此之间的了解。

5. 转移注意力。孩子注意力易分散,易为新鲜的事物所吸引,要善于把孩子的注意力从他坚持的事情上转移到其他新奇、有趣的物品或事情上。孩子注意力被转移后,很快会忘记刚才的要求和不愉快。如在玩具商场里,孩子一定要买一个上百元的变形金刚,而家里已有不少类似的玩具,这时家长不要直接回答买还是不买,可以引导孩子:"前面还有更好玩的东西,我们赶紧去看看。"孩子一般会相信商店里还有更好的东西,这样家长可以带着孩子边走边看边讲解,孩子很容易就会将刚才的事情忘掉。

6. 发泄法。允许孩子尽量地喊叫来发泄他心中的不满,只要不是原则性的问题,就不必紧紧抓住不放。

7. 冷处理。当孩子由于要求没有得到满足而发脾气或打滚撒泼时,大人可暂时不予理睬,给孩子造成一个无人相助的环境,不要流露出心疼、怜悯或迁就,更不能和他讨价还价。当无人理睬时,孩子自己会感到无趣而作出让步。事后,家长对孩子简单而认真地说明这件事不能做的原因,并对他说"相信你以后会听话的"之类的话来鼓励他。

8. 温情安抚法。把孩子紧紧抱在怀里,一边摇晃一边哼些轻柔的歌曲,或者温柔地和宝宝说说话,使他平静。

此外,家长要避免采取高压政策。宝宝说"不"的时候,父母往往会觉得自己的威信受到了挑战,或者觉得不耐烦,从而采取高压政策让孩子屈服,结果却往往适得其反。如果总是采取高压政策,不仅不能收到良好的效果,反而会削弱孩子的判断力,因为情绪垃圾的无法排解,又找不到合适的宣泄途径而对心理造成伤害。同时,要避免溺爱和纵容。父母对孩子无疑是深爱着的,又因为从各种理论经验中得知要尊重孩子,很难在爱与原则之间找到平衡点,因此往往会对孩子过于溺爱,因为不忍心看见宝宝哭而每次都甘拜下风,对孩子百依百顺,事事遵从,纵容过度。

参考文献

［1］Anderson E A, haoliler J K, Bethany L. Low-income Fathers and "Responsible-Fatherhood" Programs: A Qualitative Investigation of Participants' Experiences ［J］. Family Relations, 2002, 4: 148.

［2］Cynthia C H, Sara S M. Father Absence and Youth Incarceration ［J］. Journal of Research on Adolescence, 2004, 14(3): 369 - 397.

［3］Darling N, Steinberg L. Parenting Style as Content: An Intergrative Model ［J］. Developmental Psychology, 1993, 113: 487 - 496.

［4］Kelly J B, Emery R E. Children's Adjustment Following Divorce: Risk and esilience Perspectives ［J］. Family Relations, 2003, 52: 352.

［5］Martin, J. N. , &. Fox, N. A. (2006). Temperament. 选自 K. McCartney &. D. Phillips (Eds.), Blackwell Handbook of Early Childhood Development. Oxford: Blackwell.

［6］Metcalf S. The Importance of Father's Time. http://www. furdarticles. com/cf_0/molze/2002_May_24/89932839 / print_jbtm1, 2004 - 2 - 12.

［7］Mussen , P. &. Eisenberg-Berg, N, Root of Carrying, Sharing, and Helping ［M］. W. H. Freeman and Company San Francisco, 1977.

［8］Mussen, P. Editor Handbook of Child Psychology (Fourth Edition)［M］. Vol. Ⅳ. Jone Wiley &. Sons NewYork Chichedter Brisbome Toronto Singapore. 1983.

［9］Nancy Eisenberg . Development of Prosocial Behavior ［M］. Academic Press. 1984: 118 - 128.

［10］Pfiffirer L J, Mebnrnett K, Ratbonz P J. Father Absence and Familial Antisocial Characteristics ［J］. Journal of Abnormal Psychology, 2001, 29(5): 357 - 367.

［11］Santrock J W. Father Absence, Perceived Maternal Behavior, and Moral Development in Boys ［J］. Child Development, 1975, 46(3): 753 - 757.

［12］Versclmeren K, Marcoen A. Representation of Self and Social Emotional Competence in Kindergartners: Different and Combined Effects of Attachments to Mother and Father ［J］. Child Development, 1999, 70: 183 - 201.

［13］David R. Shaffer. 发展心理学——儿童与青少年［M］. 北京: 中国轻工业出版社, 2004: 377.

［14］Schaffer, H. Rudolph. 发展心理学的关键概念［M］. 胡清芬, 等, 译. 上海: 华东师范大学出版社, 2008.

［15］蔡志海. 父亲缺失与青少年犯罪的因果关系［J］. 中国青年研究, 2002(2).

［16］陈旭. 情境讨论、榜样学习和角色扮演对儿童助人行为影响的实验研究［J］. 西南师范大学学报(哲学社会科学版), 1995(1).

［17］高岚. 学前教育学［M］. 广州: 广东高等教育出版社, 2001.

[18] 侯广艳. 儿童亲社会行为与移情[J]. 青海师范大学学报(哲学社会科学版),2006(2).

[19] 黄人颂. 学前教育学[M]. 北京:人民教育出版社,1989.

[20] 黄希庭. 简明心理学辞典[K]. 合肥:安徽人民出版社,2004.

[21] 黄月霞. 教导儿童社会技巧[M]. 台北:五南图书出版公司,1993.

[22] 金晓梅. 儿童道德的发生发展及其启示[D]. 武汉:华中师范大学,2004.

[23] 李静. 婴儿期攻击性行为的成因分析及教育引导[J]. 淄博师专学报. 2008(4).

[24] 李幼穗. 儿童社会性发展及其培养[M]. 上海:华东师范大学出版社,2004.

[25] 刘明,邓赐平,桑标. 幼儿心理理论与社会行为发展关系的初步研究[J]. 心理发展教育,2002(2).

[26] 刘秀丽,赵娜. 父亲角色投入与儿童的成长[J]. 外国教育研究,2006(11).

[27] 孟昭兰. 婴儿心理学[M]. 北京:北京大学出版社,2005.

[28] 皮亚杰,英海尔德. 儿童心理学[M]. 孙佳历,叶意蓉,译. 台北:五洲出版社,1984.

[29] 桑标. 当代幼儿发展心理学[M]. 上海:上海教育出版社,2003.

[30] 桑标. 儿童心理理论的发展[M]. 杭州:浙江教育出版社,2008.

[31] 桑格. 宝宝的表情语言[M]. 李正基,译. 台北:笛藤出版图书有限公司,1991.

[32] 王莉. 国外父亲教养方式研究的现状和趋势[J]. 心理科学进展,2005(3).

[33] 吴念阳. 儿童亲社会行为的研究历史与现状[J]. 福州师专学报,2002(8).

[34] 杨丽珠,董光恒. 父亲缺失对儿童心理发展的影响[J]. 心理科学进展 2005(3).

[35] 杨丽珠,吴文菊. 幼儿社会性发展与教育[M]. 大连:辽宁师范大学出版社,2008.

[36] 俞国良,辛自强. 社会性发展心理学[M]. 合肥:安徽教育出版社,2004.

[37] 张萍. 儿童亲社会行为及其培养策略[J]. 成都大学学报(教育科学版),2007(1).

[38] 赵俊茹,李江霞. 关于合作行为的研究述评[J]. 天津市教科院学报,2002(3).

[39] 寇彧,赵章留. 小学4—6年级儿童对同伴亲社会行为动机的评价[J]. 心理学探新,2004(2).

[40] 周宗奎. 儿童社会化[M]. 武汉:湖北少年儿童出版社,1995.

[41] 朱止丰,白丽华. 儿童亲社会行为研究综述[J]. 铜仁职业技术学院学报,2009(4).